普通高等教育系列教材

AutoCAD
上机指导与实训

张绍忠　主编

机械工业出版社

本书是在总结多年来CAD教学实践经验的基础上编写而成的，突出了为工程实际培养应用型人才的教学特点，加强了内容的针对性、实用性和可读性，以适应不同设计人员在机械、电气、建筑等领域图样绘制能力培养的需求。

本书内容由两部分组成，第一部分为上机实验指导，包括Auto CAD基本操作，基本绘图练习，编辑命令的操作和使用，图层的设置和使用，绘制视图、剖视图、尺寸标注，绘制工程图，文字注释，图块的使用，三维实体的绘制，综合练习等12个实验。第二部分为实训，给出了机械零件图及装配图、电气图、建筑施工图等9个实训内容。其中部分练习都来自工程实际，编入了机械、电气、建筑等方面的题型。书中还收录了近年来图学技能证书（制图员和计算机绘图师）考试的部分题型。

本书的编写全面贯彻了新的《技术制图》国家标准和《机械工程CAD制图规则》，不受任何Auto CAD版本的限制，可与任何Auto CAD版本教材配套使用。

本书可供本科院校、高职高专院校、成人高等院校以及中等职业技术学校的师生使用，也可作为工程技术人员自学参考书，还可用作制图员、计算机绘图师的考证练习及参考资料。

图书在版编目（CIP）数据

Auto CAD上机指导与实训/张绍忠　主编．—北京：机械工业出版社，2006.1（2022.7重印）
普通高等教育系列教材
ISBN 978-7-111-18289-4

Ⅰ．A…　Ⅱ．张…　Ⅲ．计算机辅助设计—应用软件，Auto CAD—高等学校—教学参考资料　Ⅳ．TP391.72

中国版本图书馆CIP数据核字（2005）第159176号

机械工业出版社（北京市百万庄大街22号　邮政编码100037）
责任编辑：刘小慧　版式设计：霍永明　责任校对：申春香
封面设计：马精明　责任印制：邓敏
北京富资园科技发展有限公司印刷
2022年7月第1版第9次印刷
184mm×260mm·10.5印张·257千字
标准书号：ISBN 978-7-111-18289-4
定价：29.80元

电话服务　　　　　　　网络服务
客服电话：010-88361066　机　工　官　网：www.cmpbook.com
　　　　　010-88379833　机　工　官　博：weibo.com/cmp1952
　　　　　010-68326294　金　书　网：www.golden-book.com
封底无防伪标均为盗版　机工教育服务网：www.cmpedu.com

前 言

在当今的信息化时代，计算机辅助设计（简称CAD）以其特有的高速度、高效率、高精度以及易于修改、便于管理和交流等特点得到了快速的发展，已被广泛地应用于机械、建筑、电子、航天、交通、兵器、轻工、纺织、广告以及工业设计、图案设计等各行业，并逐步替代繁重的原始设计和绘图方式。广为流行的美国Autodesk公司开发的计算机辅助设计软件Auto CAD，是当今最优秀的计算机辅助设计软件之一，已被越来越多的设计部门采用。Auto CAD是目前工程技术人员强有力的辅助设计和绘图工具，能否熟练使用这一工具，是体现现代技术人员技术素质好坏的一项标志。

由于Auto CAD是一门实践性很强的技术，因此，无论对于大学、高职高专、中职和成人院校的在校学生，还是对于有志掌握Auto CAD的其它人员，学习的基本内容、过程和学习方法都是一样的，除了要熟悉它的基本命令和规则之外，更重要的是通过反复练习，掌握绘图方法和绘图技巧。本书是编者总结多年来从事CAD教学经验的基础上编写的，不仅适应于上述各类在校学生，同时也适合图学技能考证（制图员、计算机绘图师）的训练，书中收录了近年来图学技能证书考试的部分题型。为了培养应用型人才的教学特点，加强内容的针对性、实用性和可读性，本书部分练习来自工程实际，编入了机械、电气、建筑等方面的题型。

本书由两部分组成，第一部分为上机实验指导，包括Auto CAD基本操作、基本绘图练习，编辑命令的操作和使用，图层的设置和使用，绘制视图、剖视图，尺寸标注，绘制工程图，文字注释，图块的使用，三维实体的绘制，综合练习等12个实验。第二部分为实训，给出了机械零件图和装配图、电气图、建筑施工图等9个实训内容，可根据课时的多少选择学习内容。

本书具有如下特点：

1. 注重贯彻新的国家标准《技术制图》《机械制图》《电气制图》和《机械工程CAD制图规则》。

2. 实验指导和实训内容与顺序的编排充分考虑了"机械制图"和"计算机绘图"教学进程。

3. 为了适应各行各业对不同专业应用型人才培养的需求，本书精心安排了机械图样、电气图样和建筑图样实训内容，通过实训达到熟练掌握 Auto CAD 的应用及操作的目的。

4. 本书不受 Auto CAD 版本的限制，可与任何 Auto CAD 版本教材配套使用。

本书可作为大学本科、高职高专、成人高等院校和中等职业技术学校机械、电气、建筑各相关专业师生以及工程技术人员学习 CAD 的配套教材，也适用于制图员、计算机绘图师考证练习或参考。

参加本书编写的有张绍忠、何国锋、刘海昌、张庆贤。张绍忠任主编。本书由张玉琴主审，她对本书提出了许多指导性意见，在此表示衷心的感谢。

由于编者水平有限，错误和不足在所难免，如蒙读者惠予指正，编者将不胜感激。

编　者

目 录

前言

第一部分　上机实验指导

实验一　AutoCAD 基本操作 …………… 1
　　一、实验目的 …………………………… 1
　　二、实验内容 …………………………… 1
　　三、实验要求 …………………………… 1
　　四、实验步骤 …………………………… 1
实验二　基本绘图练习 …………………… 7
　　一、实验目的 …………………………… 7
　　二、实验内容 …………………………… 7
　　三、实验要求 …………………………… 7
　　四、作图提示 …………………………… 7
　　五、实验步骤 …………………………… 7
实验三　编辑命令的操作和使用 ………… 14
　　一、实验目的 …………………………… 14
　　二、实验内容 …………………………… 14
　　三、实验步骤 …………………………… 14
实验四　图层、线型、颜色
　　　　的设置和使用 …………………… 21
　　一、实验目的 …………………………… 21
　　二、实验内容 …………………………… 21
　　三、实验步骤 …………………………… 21
实验五　绘制视图 ………………………… 27
　　一、实验目的 …………………………… 27
　　二、实验内容 …………………………… 27
　　三、实验步骤 …………………………… 27
实验六　绘制剖视图 ……………………… 33
　　一、实验目的 …………………………… 33

　　二、实验内容 …………………………… 33
　　三、实验步骤 …………………………… 33
实验七　尺寸标注 ………………………… 40
　　一、实验目的 …………………………… 40
　　二、实验内容 …………………………… 40
　　三、实验步骤 …………………………… 40
实验八　绘制轴的零件图 ………………… 47
　　一、实验目的 …………………………… 47
　　二、实验内容 …………………………… 47
　　三、实验步骤 …………………………… 47
实验九　绘制电路图 ……………………… 52
　　一、实验目的 …………………………… 52
　　二、实验内容 …………………………… 52
　　三、实验步骤 …………………………… 52
实验十　绘制建筑图 ……………………… 58
　　一、实验目的 …………………………… 58
　　二、实验内容 …………………………… 58
　　三、实验步骤 …………………………… 58
实验十一　绘制三维实体 ………………… 62
　　一、实验目的 …………………………… 62
　　二、实验内容 …………………………… 62
　　三、实验步骤 …………………………… 62
实验十二　综合练习 ……………………… 67
　　一、实验目的 …………………………… 67
　　二、实验内容 …………………………… 67

第二部分　实　训

实训一　绘制零件图 ……………………… 72
　　一、实训内容 …………………………… 72

　　二、实训目的 …………………………… 72
　　三、实训步骤及要求 …………………… 72

实训二　绘制电路图 …………… 81
　一、实训内容……………………… 81
　二、实训目的……………………… 81
　三、实训步骤及要求 ……………… 81
实训三　绘制千斤顶装配图 ………… 85
　一、实训内容……………………… 85
　二、实训目的……………………… 85
　三、实训步骤及要求 ……………… 85
实训四　绘制钻模装配图 …………… 92
　一、实训内容……………………… 92
　二、实训目的……………………… 92
　三、实训步骤及要求 ……………… 92
实训五　绘制虎钳装配图 ………… 101
　一、实训内容 …………………… 101
　二、实训目的 …………………… 101
　三、实训步骤及要求 …………… 101
实训六　绘制齿轮泵装配图 ……… 111
　一、实训内容 …………………… 111
　二、实训目的 …………………… 111
　三、实训步骤及要求 …………… 111
实训七　绘制铣刀头架装配图……… 121
　一、实训内容 …………………… 121
　二、实训目的 …………………… 121
　三、实训步骤及要求 …………… 121
实训八　绘制减速器装配图 ……… 130
　一、实训内容 …………………… 130
　二、实训目的 …………………… 130
　三、实训步骤及要求 …………… 130
实训九　绘制变电所施工图 ……… 152
　一、实训内容 …………………… 152
　二、实训目的 …………………… 152
　三、实训步骤及要求 …………… 152
附录 ……………………………… 158
参考文献………………………… 160
信息反馈表

第一部分　上机实验指导

在计算机绘图中，绘制任何图形的方法和步骤都不是惟一的，本上机实验指导中的实验方法与步骤，只是其中的一种，希望同学们能独立思考，创造性地学习和运用，从而发现更为方便、快捷的方法，提高设计绘图效率。

实验一　Auto CAD 基本操作

一、实验目的
1. 练习 Auto CAD 系统的启动和退出。
2. 全面了解 Auto CAD 系统的界面和菜单结构及使用方法。
3. 掌握改变作图窗口颜色和十字光标大小的方法。
4. 练习 Auto CAD 命令的输入和数据的输入方法。
5. 建立符合国家标准的样本图纸，其规格见附录的附图 1~附图 3。

二、实验内容
1. 设置绘图环境，确定绘图界限。
2. 绘制图幅、边框线和标题栏（A4 图纸）。
3. 绘制实验一中的例图 1、例图 2、选绘例图 3 或例图 4 中的图形。例图 1 中的图 4）和例图 2 中的图 1）用相对极坐标法输入，例图 1 中的图 4）与 X 正方向成 30°（不要求标注尺寸）。

三、实验要求
按实验步骤详细写出上机操作过程（包括所用命令和数据）。注意工具栏的移动、打开、关闭的方法；设置作图窗口的颜色和十字光标大小的方法。注意练习图形界限（LIMITS）、直线（LINE）、圆（CIRCLE）、圆弧（ARC）、擦除（ERASE）和重画（REDRAW）等命令的使用方法；练习绝对坐标、相对坐标、相对极坐标、直接距离等输入方法的使用。注意各命令中各选项的使用条件。命令调入的形式：1）从相应菜单中选取；2）从相应工具栏点击相应图标；3）从命令行中直接输入命令名。

四、实验步骤
1. 开机后，左键双击 Auto CAD 快捷图标，或点击开始按钮在程序中单击 Auto CAD 各版本，运行 Auto CAD。
2. 建新图。在弹出的对话框中（有四种方式：Use a Wizard 使用向导，开始新图；Use a Template 使用样板，开始新图；Start from Scratch 使用默认设置直接进入，开始新图；Open a Drwing 打开已有图形文件）。单击 Start from Scratch 按钮，在 Select Default 列表框中单击 Metric 项（公制单位），单击 OK 按钮，进入绘图环境。

3. 设置绘图界限。点击菜单"格式"中绘图界限或在命令行输入 LIMITS，在命令行提示中输入左下角点和右上角点坐标值（X，Y），或选用默认值。

4. 绘制图幅线、边框线和标题栏。

1）调用直线命令（LINE）（可从命令行输入 L 或点击绘图工具栏的直线图标），在命令行的提示中输入图幅各点坐标（可用绝对坐标 X，Y；相对坐标输入@X，Y；或打开正交（F8），移动光标方向，采用直接距离输入法 L）。绘图时，使用的输入方法不一定要相同，可根据自己的使用情况选择。例如，画 A4 图幅线，使用绝对坐标法输入。

当出现 Command 时输入 L 回车；

在 From point 提示符下输入 0，0 回车；

在 To point 提示符下输入 210，0 回车；

在 To point 提示符下输入 210，297 回车；

在 To point 提示符下输入 0，297 回车；

在 To point 提示符下输入 c 回车。

2）调用多义线（PLINE）命令，输入起点（X，Y），设线宽 W＝0.7（参阅实验四中的补充内容），如上方法，画出边框线和标题栏的外框，再用直线（LINE）画标题栏内其它线（图纸幅面和标题栏的尺寸见附图1、附图2）。

5. 存盘。左键点击"文件（FILE）"下拉菜单。点击"另存为"，弹出 Save Drawing As 对话框，打开另存为类型下拉列表选（＊.dwt）模板文件，在文件名栏输入：A4－1 文件名，单击"保存"，返回到图形。

6. 按实验内容要求进行绘图。如例图 1。

1）单击绘图工具栏绘直线图标，打开正交（F8），在绘图区合适位置确定起点（单击鼠标左键），用相对坐标法（@X，Y）或直接距离输入法（用光标给出方向，输入距离 L）至第三点，可输入 C（闭合），完成矩形。

2）单击绘图工具栏绘圆图标，在合适位置确定圆心，单击左键，在命令行的提示行中直接输入半径值，完成圆图形。

3）单击绘图工具栏中圆弧图标或选绘图菜单→圆弧→起点、终点、半径选项，在屏幕上给出圆弧的起点、终点，在提示行输入半径值，完成圆弧图形。

4）调用直线命令，输入起点，用相对极坐标法（@L＜角度）输入其它点，完成例图1中的图4）。

5）在绘图中如果画错，可用删除命令（ERASE）或单击修改工具栏橡皮图标。使用方法：先选命令，后选目标，鼠标右键删除，或先选目标，后选命令直接删除。

7. 赋名存盘。操作同实验步骤5。在另存为类型下拉列表选（＊.dwg）图形文件，单击保存。

8. 退出 Auto CAD。单击绘图屏标题栏右角×关闭；点击文件菜单→退出，或在命令行输入：QUIT（EXIT）。

例图 1

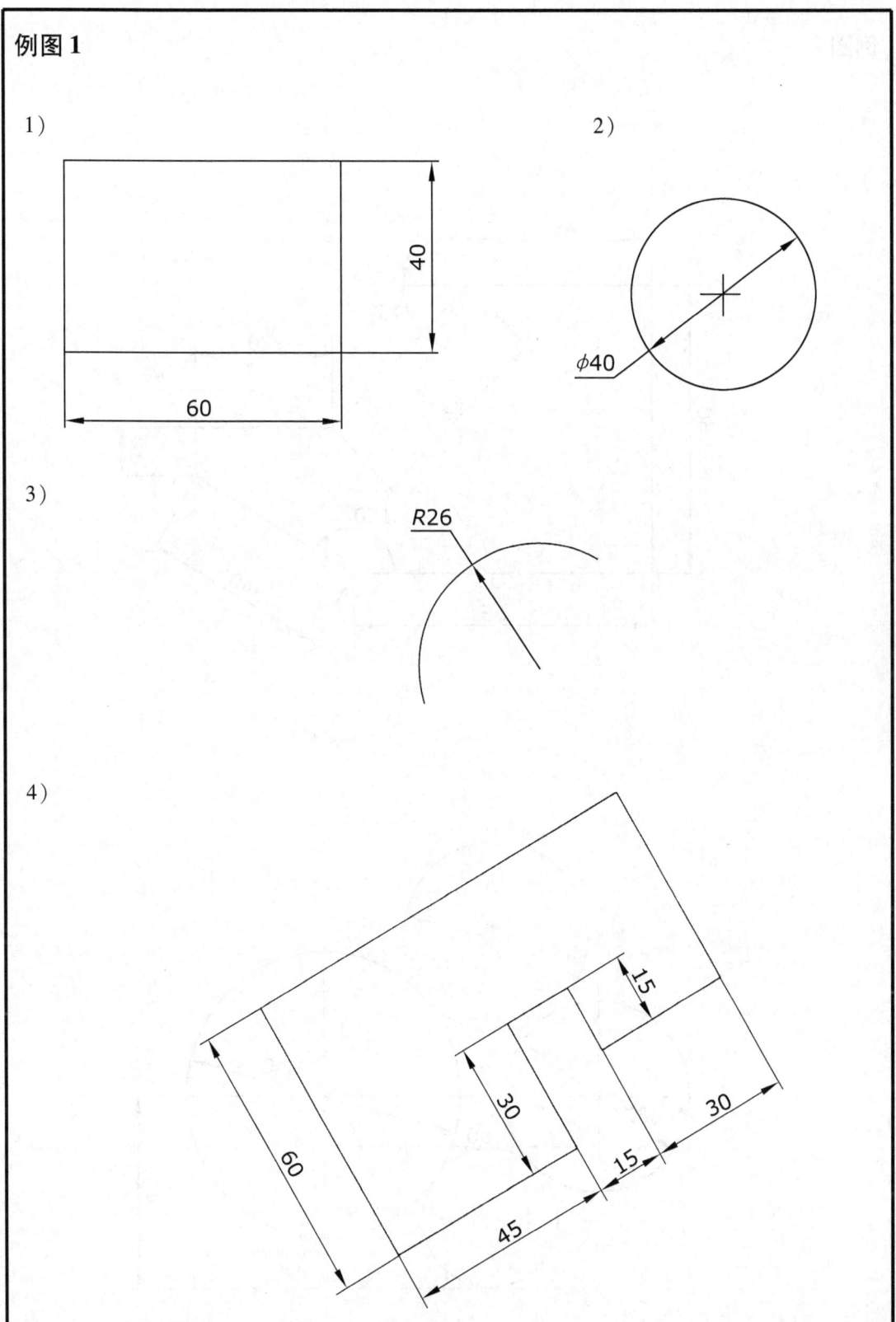

例图 2

1)

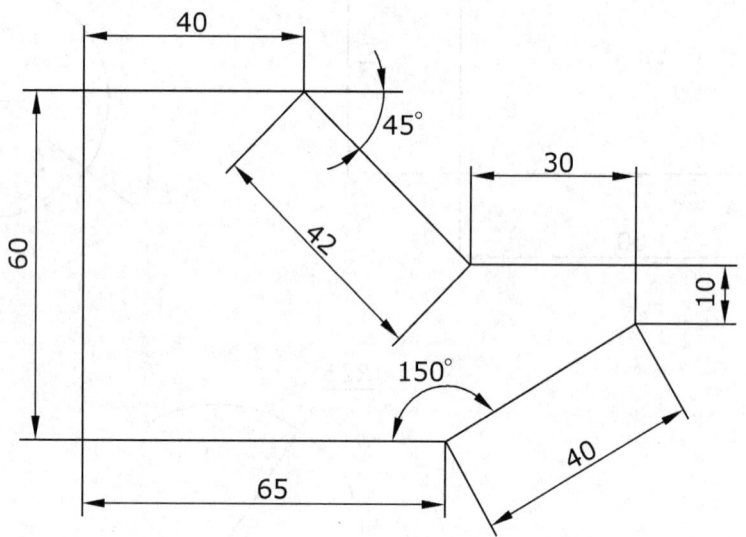

2)

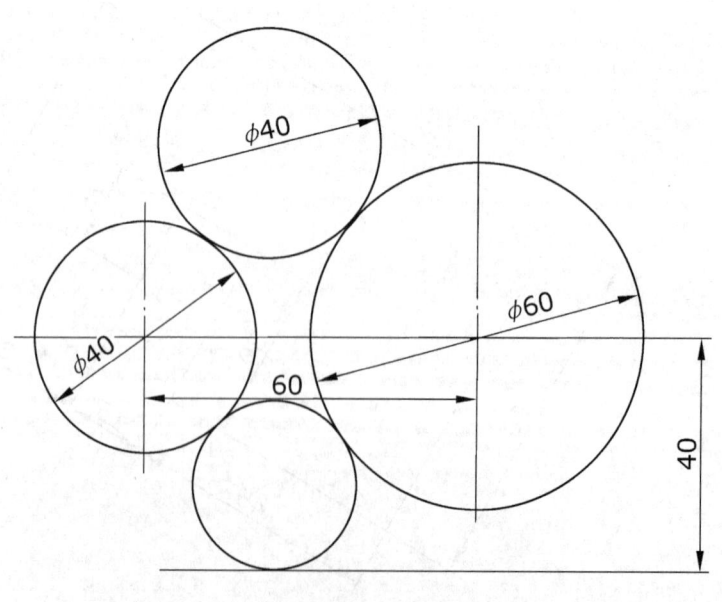

例图 3

1)

2)   3)

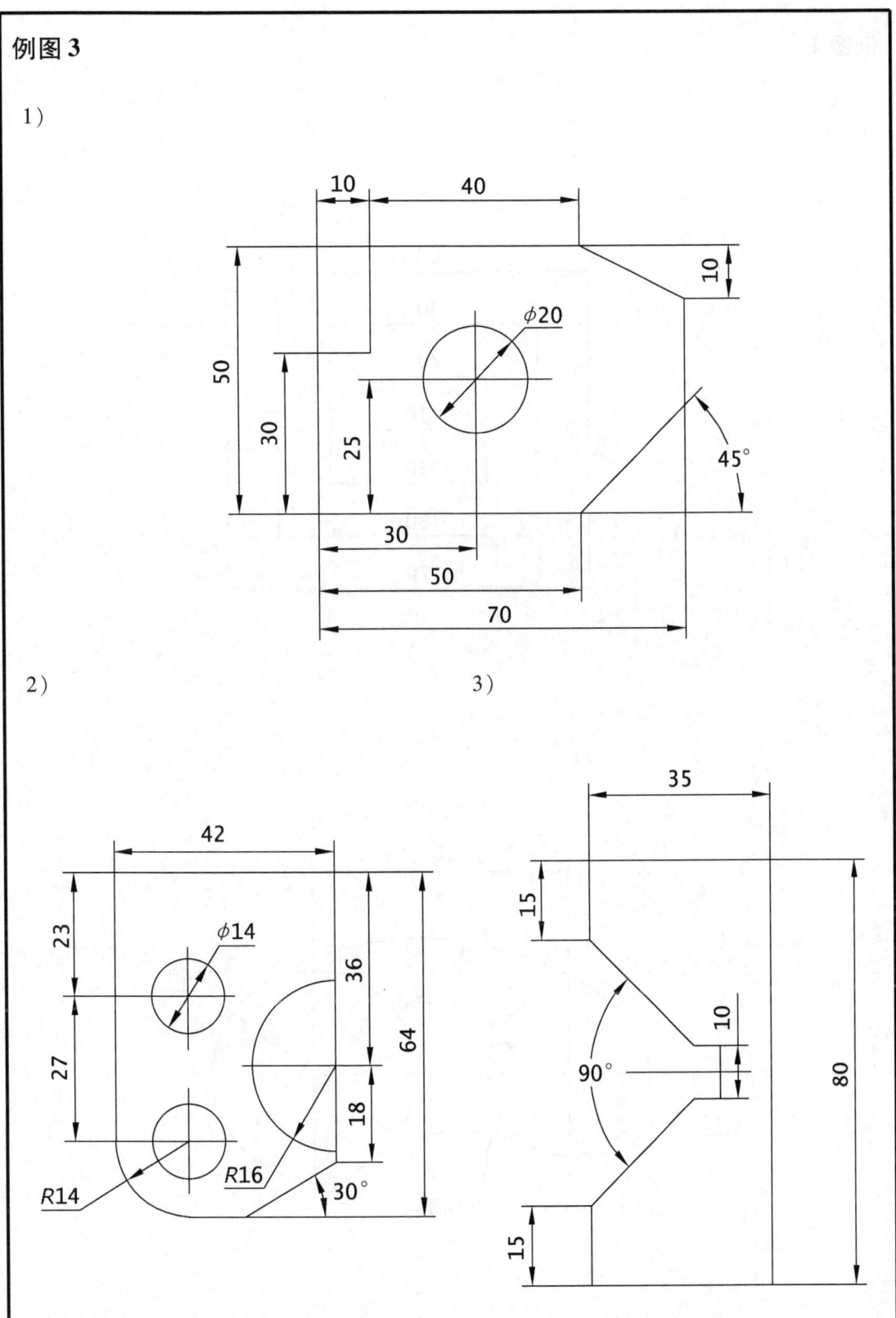

例图 4

1)

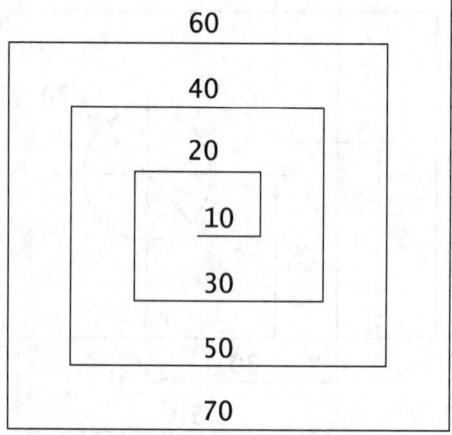

2)

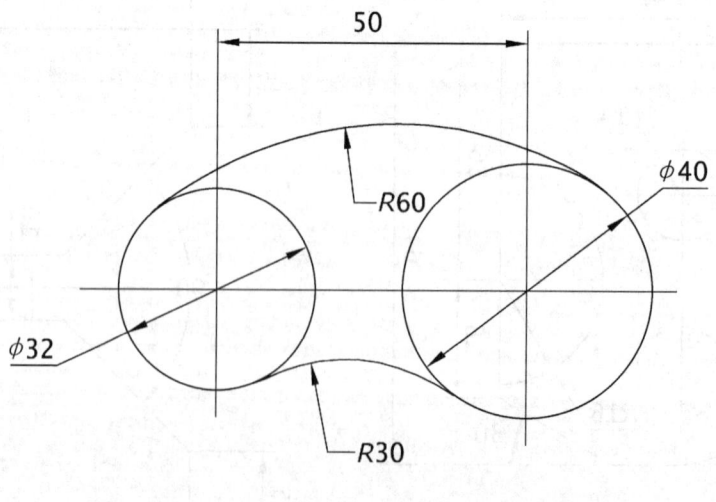

实验二　基本绘图练习

一、实验目的
1. 练习正交（ORTHO）、栅格（GRID）、捕捉（SNAP）、极轴、对象捕捉（OSNAP）、对象追踪等绘图命令的操作方法。
2. 练习直线（LINE）、圆（CIRCLE）、圆弧（ARC）、圆环（DONUT）、多义线（PLINE）、矩形（RECTANG）、多边形（POLYGON）、椭圆（ELLIPSE）等绘图命令的使用方法。
3. 练习修剪（TRIM）和断开（BREAK）命令的使用方法，注意两个命令的区别。

二、实验内容
绘制实验二例图1和例图2的图形，选绘例图3、例图4的图形。

三、实验要求
1. 例图1中的图1）和图4），要保证椭圆和圆的圆心在四边形的中心上（利用对象捕捉绘制）。
2. 例图1中的图2）要使直线与圆相切。

四、作图提示
1. 例图1中的图3）先绘三边形，再用对象捕捉画其它图线。
2. 例图1中的图4）画图步骤如下：

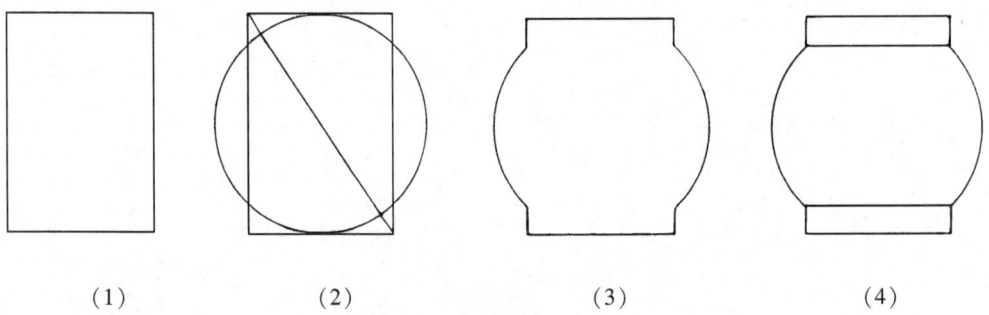

　　（1）　　　　　　（2）　　　　　　（3）　　　　　　（4）

3. 例图1中的图5）外框用多段线绘制直线和圆弧。

五、实验步骤
1. 进入 Auto CAD。选模板文件 A4—1。
2. 绘制实验二的内容。画例图1中的图1）：
1）调用矩形（RECTANG）命令（左键单击绘图工具栏的矩形图标或采用其它输入命令的方法），画矩形：利用相对坐标法输入左下角点、右上角点坐标；
2）调用直线（LINE）命令，打开状态栏的对象捕捉，单击右键选设置，在对话框中设置需要的捕捉方式，确定。利用中点捕捉画两条中线；
3）调用椭圆（ELLIPSE）命令（左键单击绘图工具栏的椭圆图标或用其它方法）选中点为椭圆心的方式（CENTER），捕捉两中线的交点为椭圆心，给出长半径和短半径，完成作图（注意：先给出的半径的方向将决定椭圆的方向）。

3. 绘制例图 1 中的图 2）：

1）调用圆（CIRCLE）命令，画圆；重复圆的命令（直接回车或左键单击圆的命令的图标），捕捉圆心，画同心圆；重复圆的命令，画另一圆。

2）调用直线命令，打开捕捉工具，选切点捕捉，捕捉圆的切点，确定切线的第一点，捕捉另一圆同一侧的切点，完成切线的绘制；如法炮制，画另一切线，完成图 2）。

4. 画例图 1 中的图 3），见作图提示。

5. 画例图 1 中的图 4），见作图提示。

6. 调用多义线（PLINE）命令，画例图 1 中的图 5）外框，利用其选项直线（L）/圆弧（ARC）的转换，画直线和圆弧；再调用椭圆、正多边形（POLYGON）、圆、圆环（DONUT）、直线命令画图框中的其它图形（图中平行四边形，调用直线命令，利用对应边相等的关系，采用直接距离输入法确定两对应边的边长，完成全图。正多边形输入命令后，给出边数，确定圆心 C 或选边 E，如果选圆心，则选内接正多边形 I/外切正多边形 C，确定圆的半径。圆环的命令只能从菜单或命令行输入，其后提示输入圆环的内径，再提示输入外径，确定圆环的圆心）。

7. 赋名存盘，退出 Auto CAD。

例图 1

1)

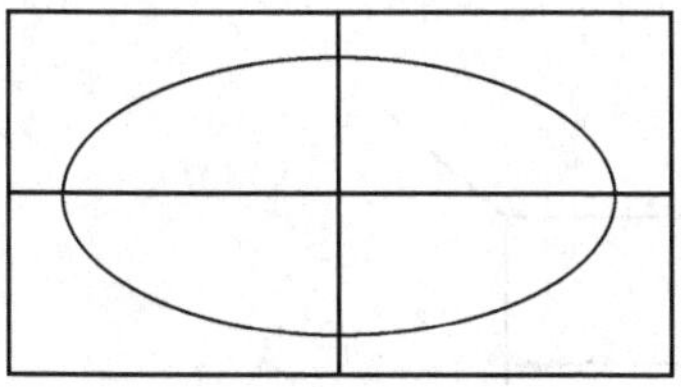

2)

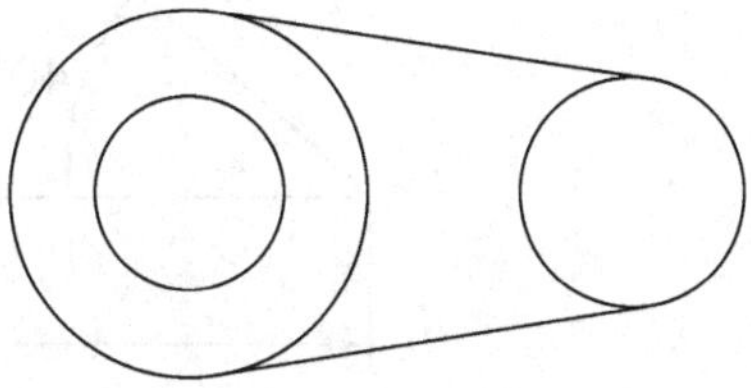

3)

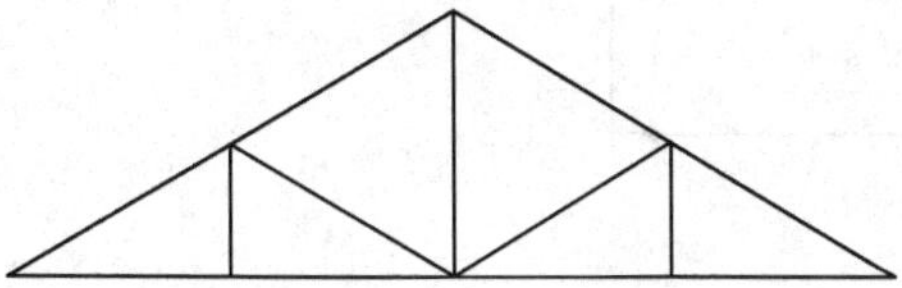

4)

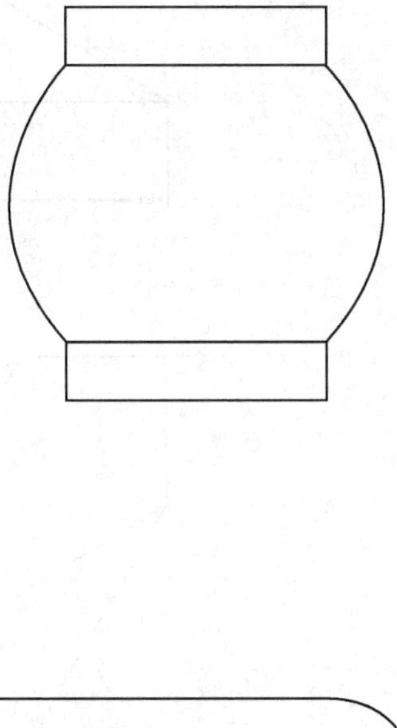

5)

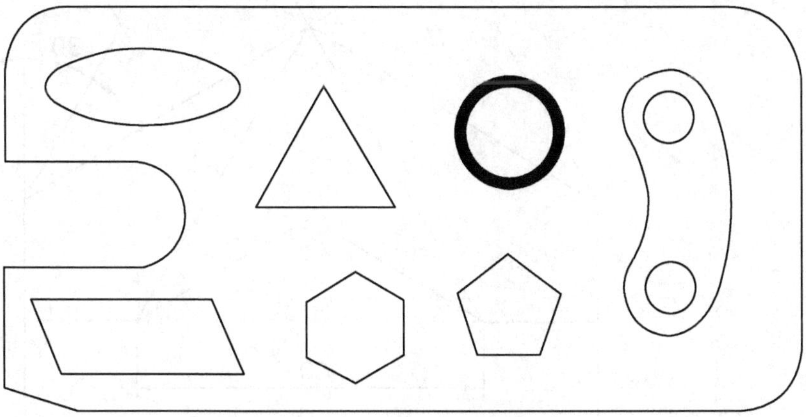

例图 2

1)

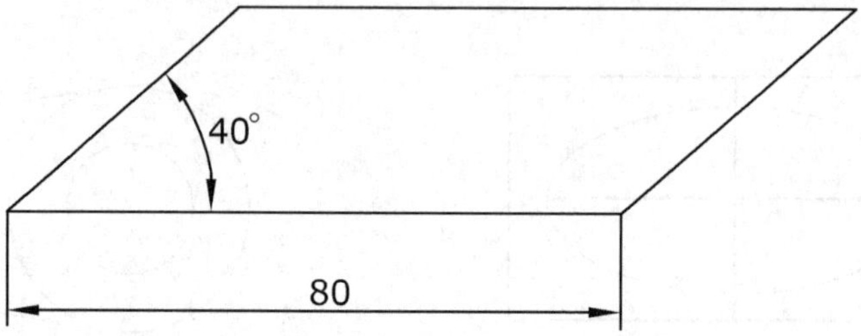

2)

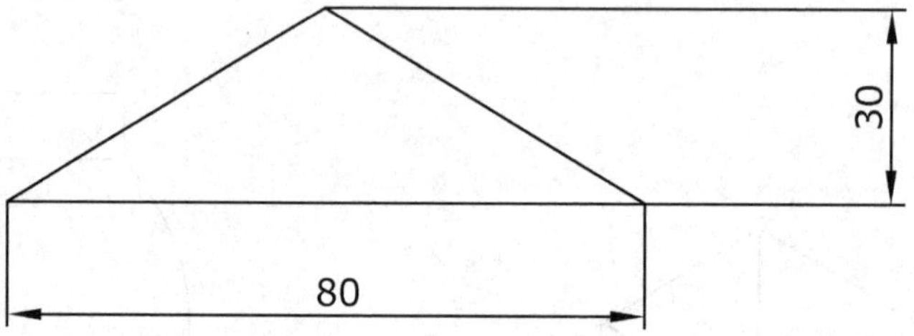

3)

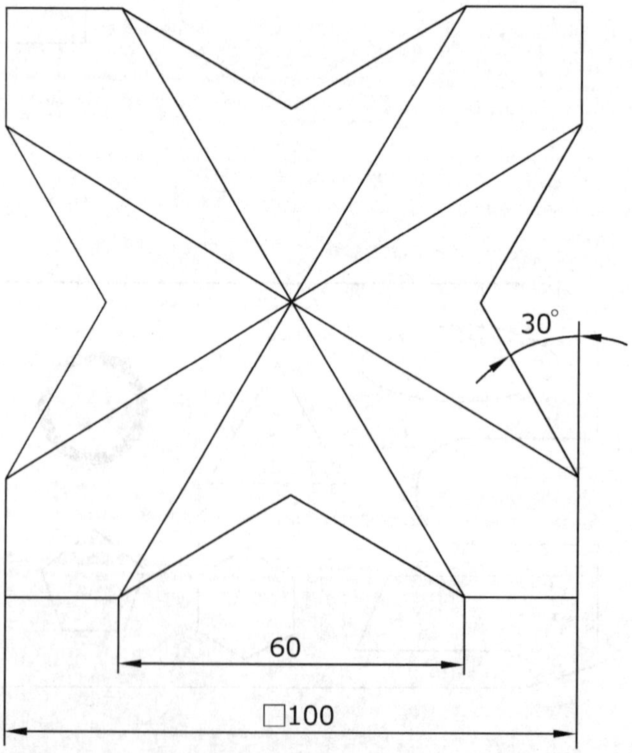

例图 3

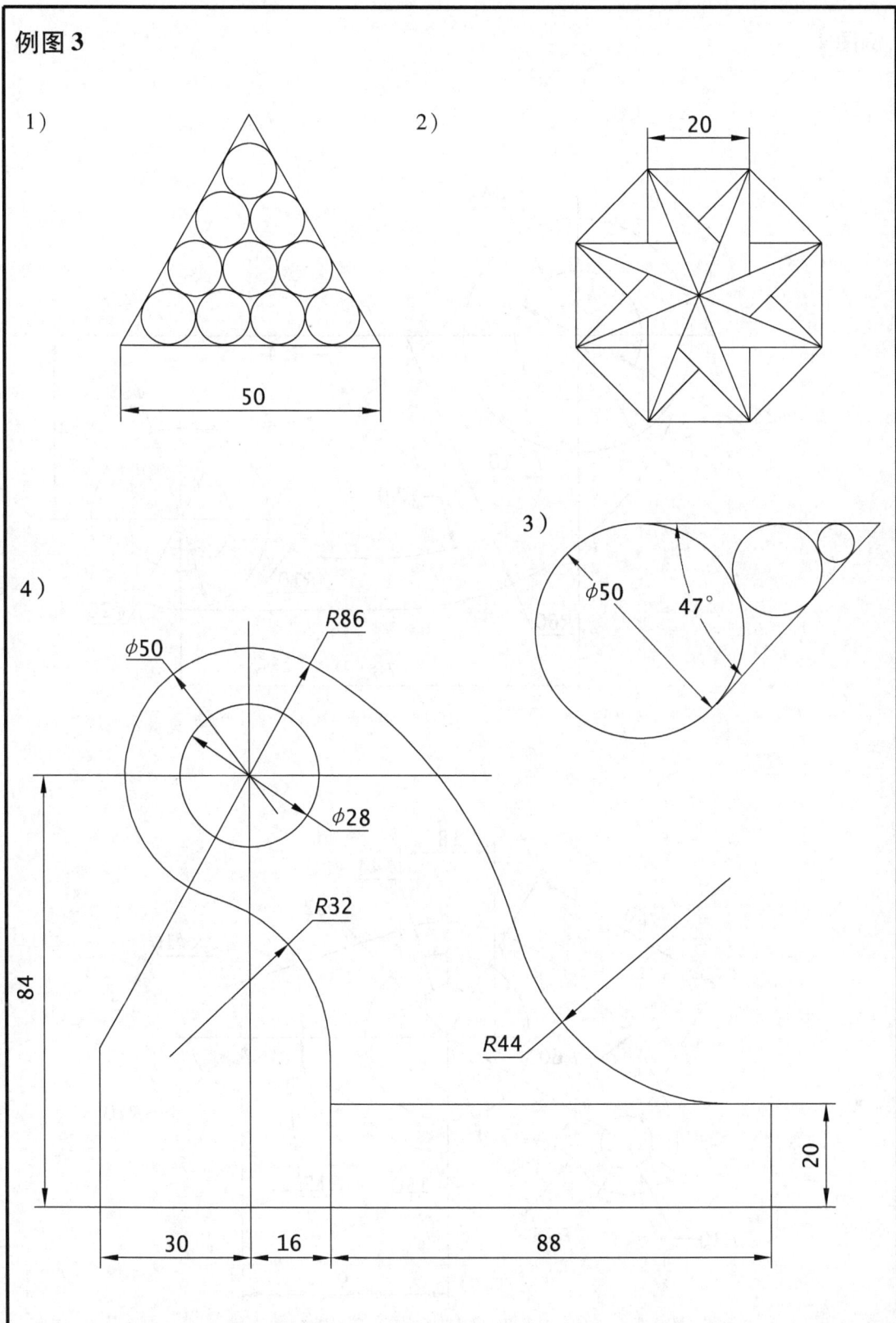

例图 4

1)

2)

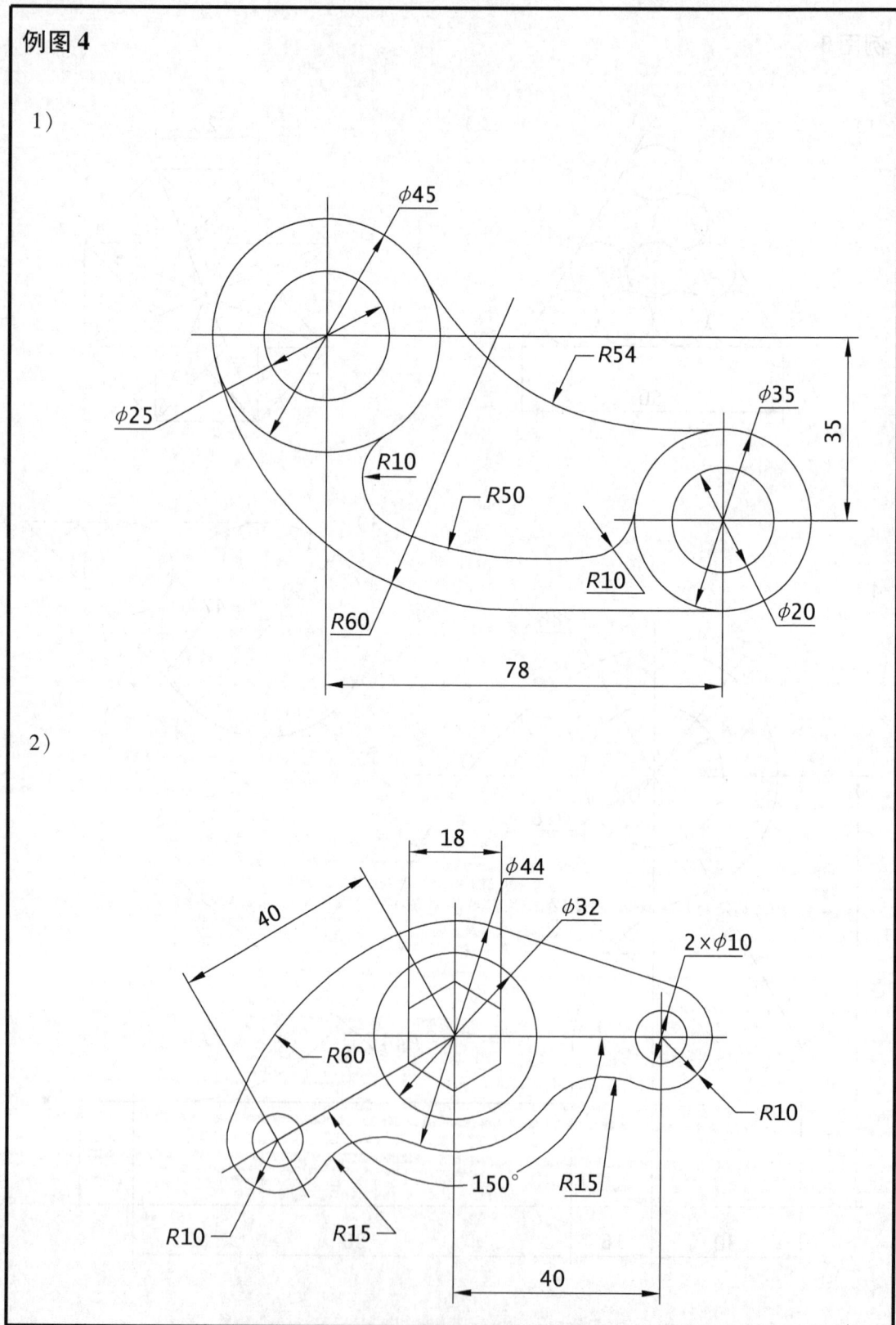

例图 5

1)

2)

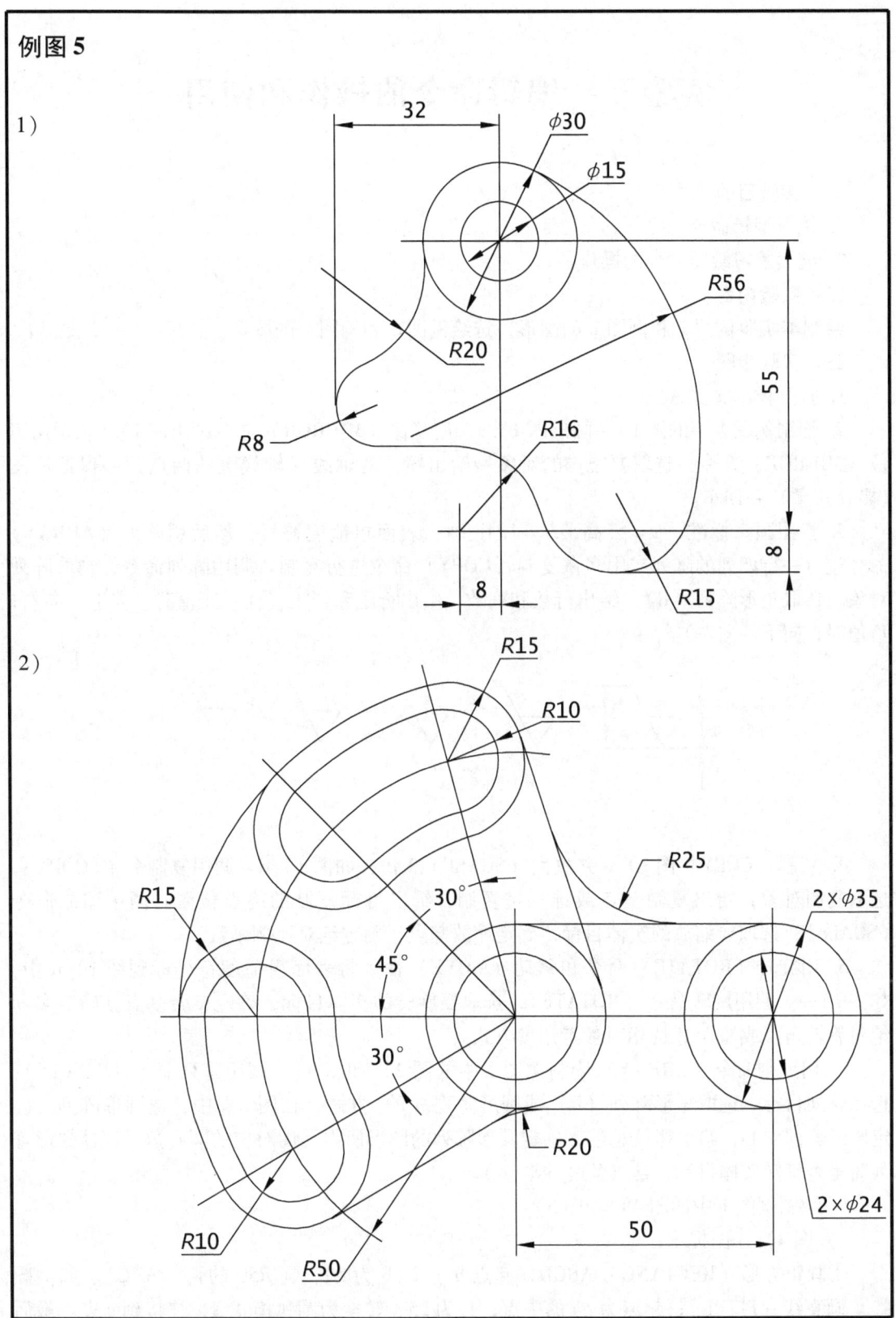

实验三 编辑命令的操作和使用

一、实验目的
1. 练习编辑命令的操作。
2. 继续练习绘图命令的操作。

二、实验内容
绘制本实验例图1和例图2的图形，选绘例图3和例图4的图形。

三、实验步骤
1. 打开样本文件 A4。

2. 绘制例图1中的图1）。画出图1）a，用镜像（MIRROR）命令画出图1）b。调用镜像（MIRROR）命令→选取要镜像的对象→给出镜像的轴线（轴线上的两点）→保留原图（默认选项）→回车。

3. 按照国家标准，h = 字高，H = 1.4h 画出表面粗糙度符号，然后用阵列（ARRAY）命令进行一行四列的阵列或用多重复制（COPY）命令进行复制。调用阵列命令，选取阵列对象，选取矩形阵列（R），给出行数和列数，给出行距和列距（注：正值时，向上、向右；负值时，向下、向左）。

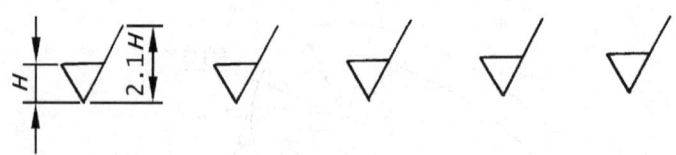

4. 复制（COPY）图1）c并放大（SCALE）2倍，如图1）d。调用复制命令（COPY），选取复制对象，给出复制基点或选多重复制，给出目标复制的终点位置。调用缩放命令（SCALE），选取要缩放的实体目标，确定缩放基点，确定绝对比例系数。

5. 用旋转（ROTATE）命令和移动（MOVE）命令将表面粗糙度符号标到图1）d中，如图1）e。调用旋转命令（ROTATE），选取要旋转的实体目标，确定旋转基点，确定实际绝对旋转角度或输入R选相对参考角度方式。

6. 用阵列命令（ARRAY）绘制例图1中的图2）和图3）。调用阵列命令（ARRAY），选取阵列目标，选取矩形阵列（R）或圆形阵列（P）方式，在图2）中，选圆形阵列，确定圆形阵列中心，给出拷贝总数，确定圆形阵列的图形所占圆周对应的圆心角。选择圆形阵列时是否旋转实体目标，是（Y），否（N）。

7. 绘制例图1中的图4）和图5）。

1）图4）作图提示：

①画正方形（RECTANG）ABCD，起点 a，长 ab 为50。画 R50 的弧（ARC）。如例图4）。画直线（PLINE），起点为 ab 的中点，长为25，转换为圆弧模式A，连接到 c 点。最后

用偏移（OFFSET）命令偏移该多段线，偏移距离为 12.5，如图 4)b。

②镜像（MIRROR）bd 弧和两条直线与弧连接的多段线，镜像线为对角线 bd，如图 4) c。

③把图 4) c 修剪为图 4) d，后进行圆形阵列（ARRAY），阵列中心为点 b，阵列数为 4，如图 4) e。

2）图 5）作图提示：

①画直线 AB，长为 68。分别以直线两端点 A、B 为圆心、16 为半径画圆 A 和 B，如图 5) a。

②用相切、相切、半径（T）的方式画 $R98$ 的圆。用修剪命令（TRIM）或断开命令（BREAK）删除大弧，如图 5) b（注意：断开点用捕捉方式）。

③画直线，起点捕捉 $R98$ 弧的中点 C，$CD = 70$，$DE = 24$，$EF = 6$，$FG = 16$，如图 5) c。

④以 F 点为中心，G 点为起点，用起点、圆心、圆心角（角度为 -90°）方式画弧，如图 5) c。

⑤用相切、相切、半径（T）方式画 $R16$ 的圆，如图 5) d。

⑥用修剪命令修剪圆和弧，后用镜像命令画出右边的直线和圆弧，如图 5) e。

⑦最后用修剪命令剪去多余的弧，完成全图，如图 5) f。再用移动命令把图移动到适当的位置。

8. 用移动命令和比例缩放命令布置全图。

9. 赋名存盘。可利用同样的方法绘制例图 2。

10. 退出 Auto CAD。

例图1

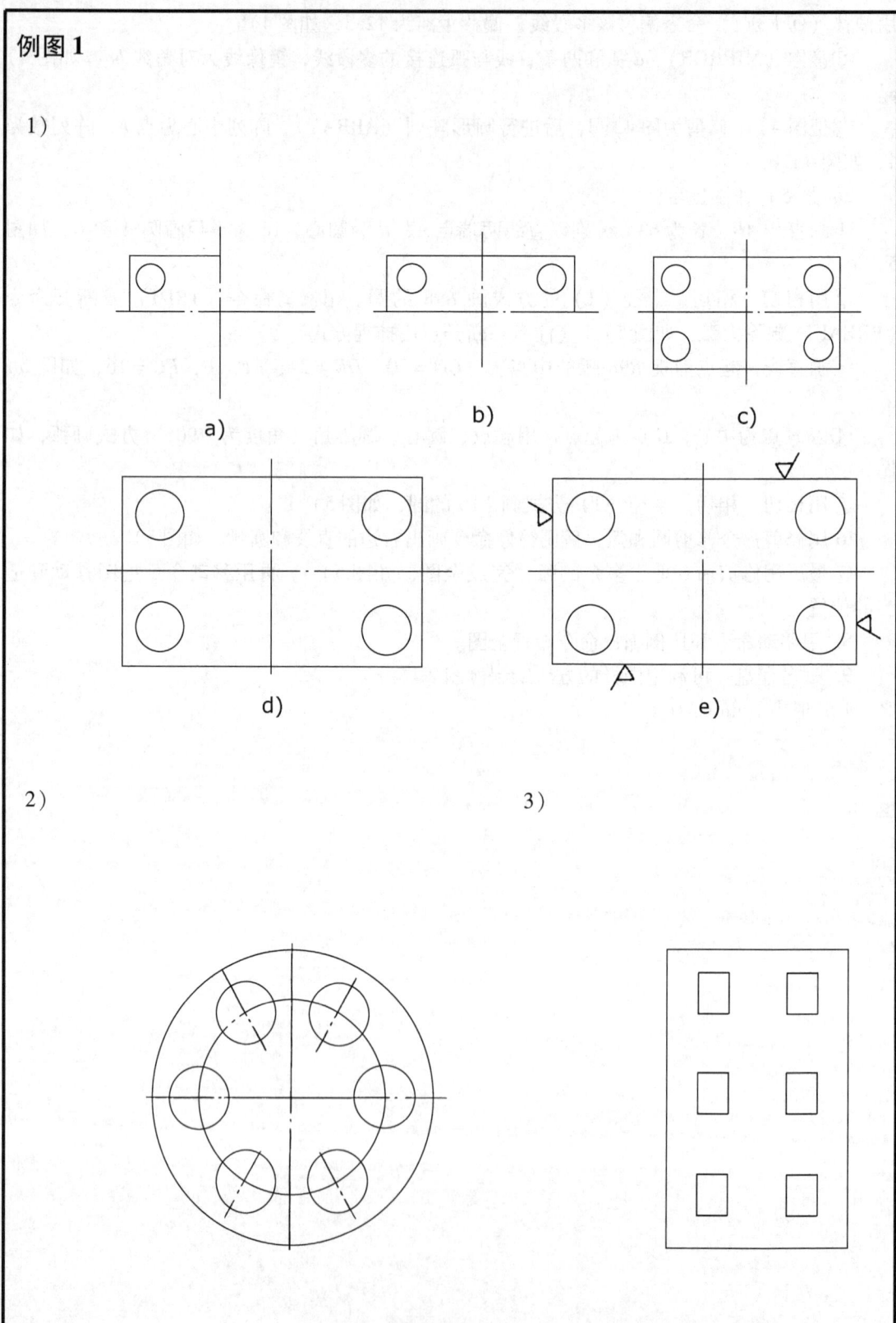

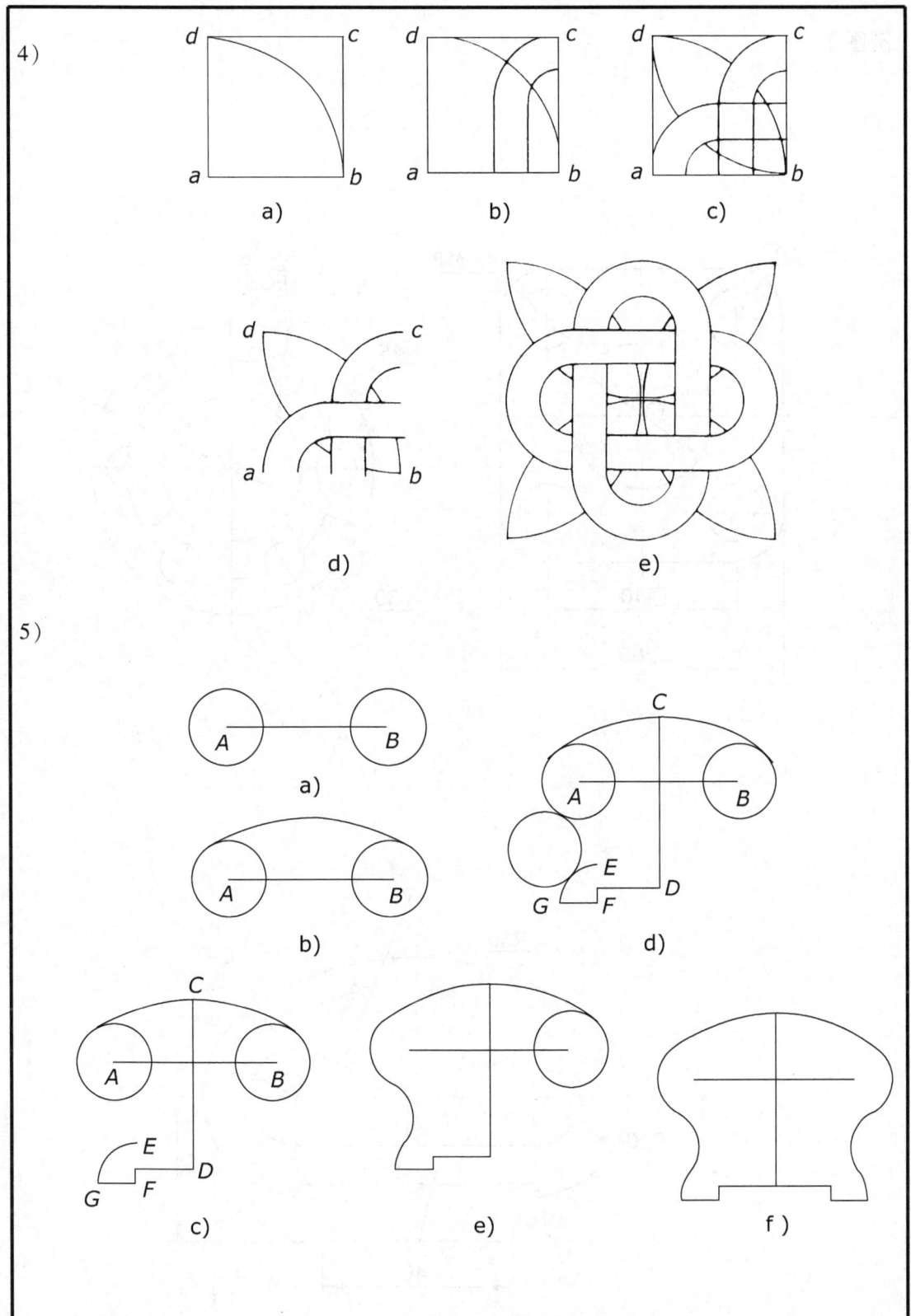

例图 2

1)

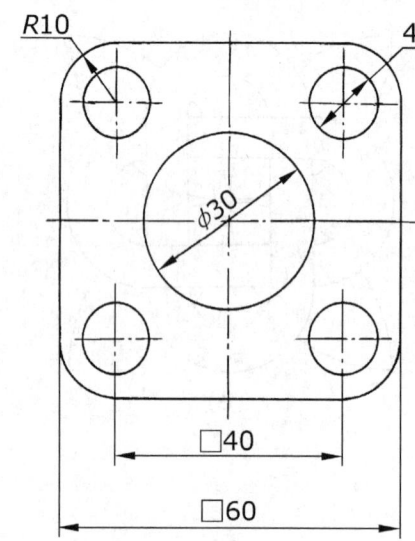

2)

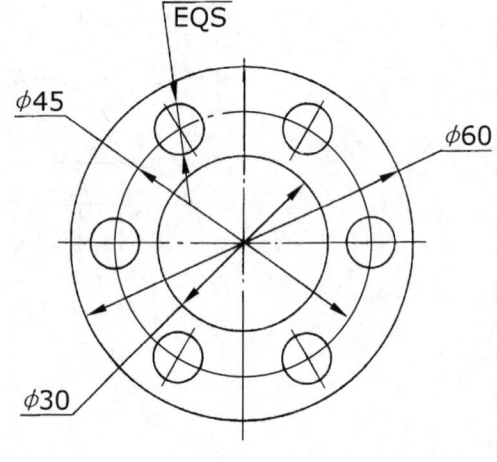

3)

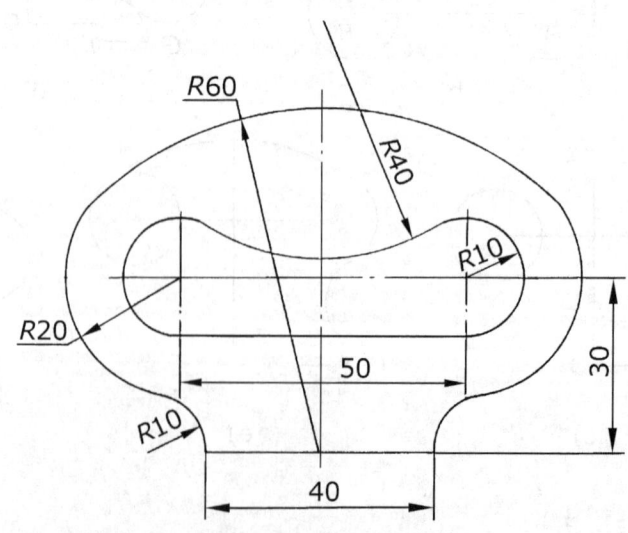

例图 3

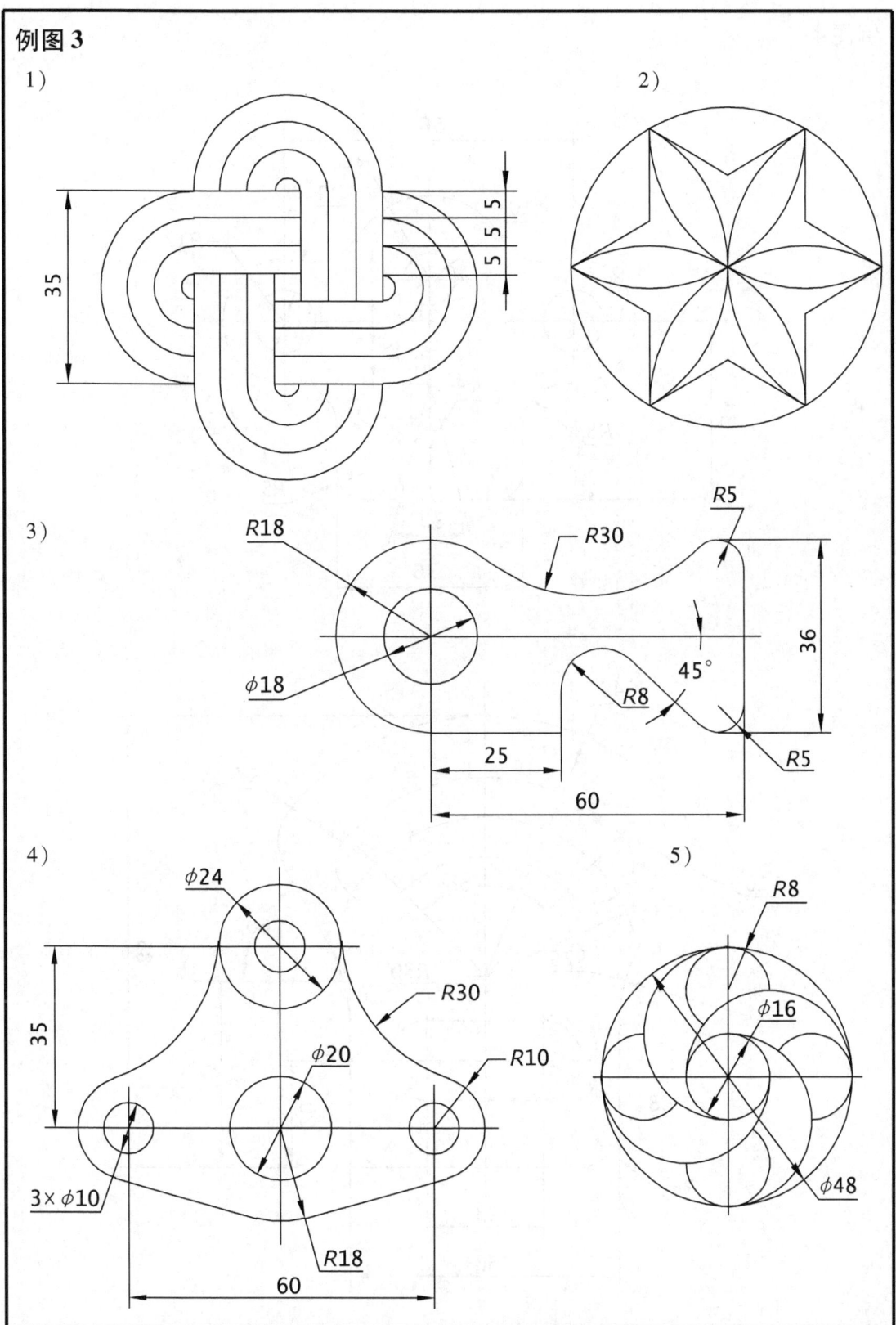

例图 4

1)

2)

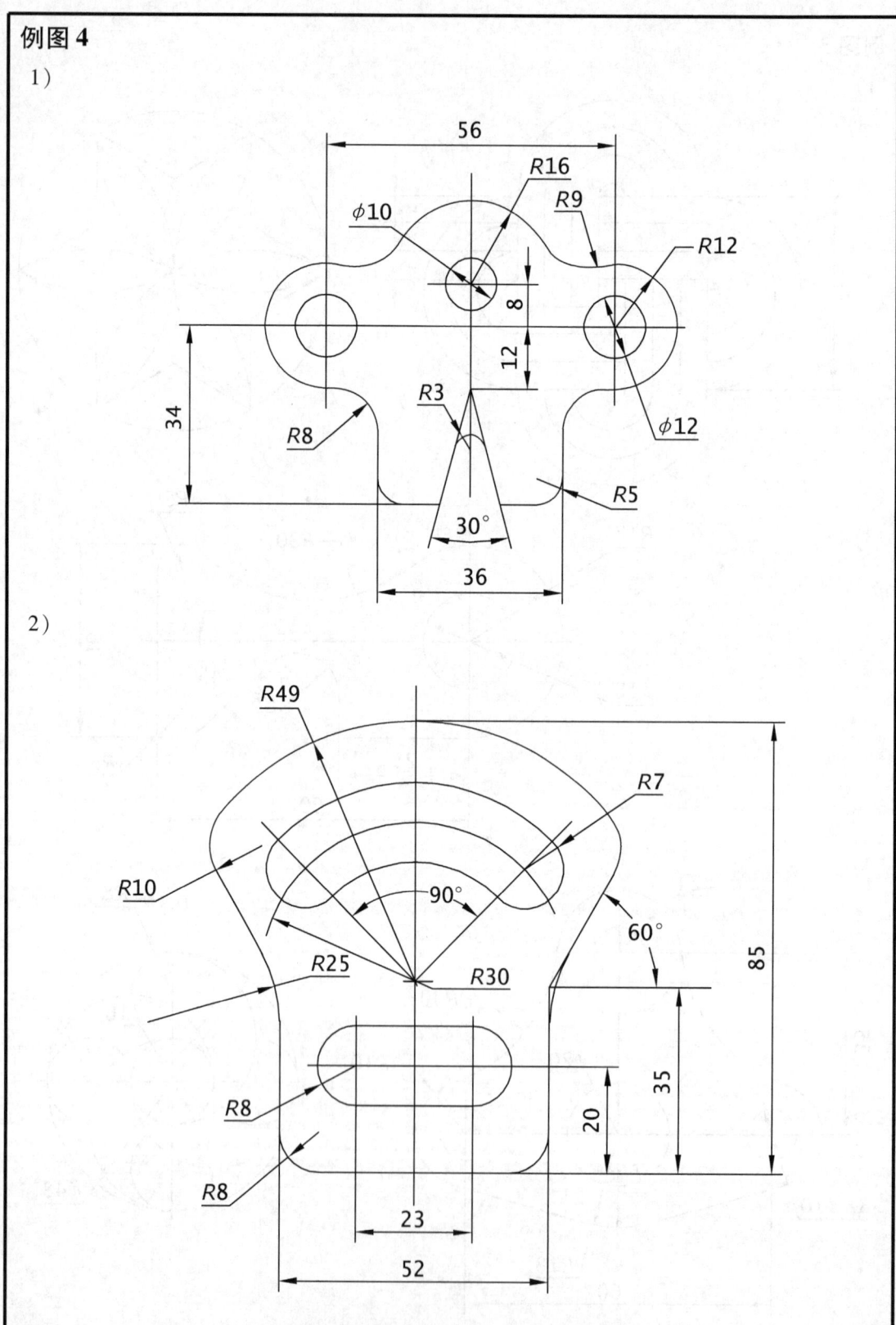

实验四 图层、线型、颜色的设置和使用

一、实验目的
1. 学习图层的建立、设置当前层及线型的装入、颜色、层名的设定。
2. 继续练习绘图命令和编辑命令的操作方法。
3. 练习"对象捕捉"命令及"透明命令"的使用。
4. 练习自动捕捉（OSNAP）极轴、对象追踪的设定及应用。

二、实验内容
抄绘齿轮和圆盘的视图，选画其它例图。

三、实验步骤
1. 打开样本文件 A4，设置绘图环境，建立符合标准的系列图层。
1）从格式菜单（或特性工具栏）选择图层左键单击，弹出图层对话框。
2）创建新图层。在图层对话框中左键单击新建按钮。输入新的图层名，取代图层1，就创建了一个新的图层。
3）为新图层设置颜色。选择图层颜色方块左键单击，弹出选择颜色对话框。
4）在该对话框的标准颜色或全色调色板中左键单击一色。在对话框的底部显示颜色方块和该颜色的说明，左键单击 OK。
5）选新图层的线型按钮左键单击，弹出选择线型对话框。如果对话框中没有需要的线型，应左键单击加载（LOAD）…按钮，在 Select Linetype 对话框中选择，左键单击 OK。
6）在选择线型对话框中左键单击所选线型，左键单击 OK。
7）设置线宽，点击样线，打开线宽下拉列表，选择合适的线宽。
8）依次设置所有需要的图层。设置完成后，关闭图层与线型特性对话框。
2. 在特性工具栏中图层下拉列表中选当前层，在当前层上操作。
3. 按徒手绘图的步骤抄绘齿轮视图（不注尺寸）。
1）选中心线层，布图、定位；
2）选粗实线层，用偏移命令（OFFSET）确定轮廓的尺寸，用圆命令（CIRCLE）画粗实线圆，用直线命令（LINE），打开对象捕捉绘制视图，用修剪命令（TRIM）修剪视图，删除辅助线。
3）选虚线层，绘制主视图中的虚线。
4）完成全图。
4. 赋名存盘。可用相同的步骤，绘制其它例图中的视图。
5. 退出 Auto CAD。

补充内容：机械工程 CAD 制图规则 GB/T14665—1998
1. 常用图层一般设置：

线型	颜色	线型	颜色
粗实线	绿色	虚线	黄色

细实线	白色	细点画线	红色
波浪线	白色	粗点画线	棕色
双折线	白色	双点画线	粉红色

2. 常用的线宽（一般优先采用第四组）

组别	1	2	3	4	5	一 般 用 途
线宽	2.0	1.4	1.0	0.7	0.5	粗实线、粗点画线
/mm	1.0	0.7	0.5	0.35	0.25	细实线、波浪线、双折线、虚线、细点画线、双点画线

3. 字体和图幅之间的关系

图 幅		A0	A1	A2	A3	A4
汉 字	h/mm	5		3.5		
字母与数字						

h = 汉字、字母和数字的高度

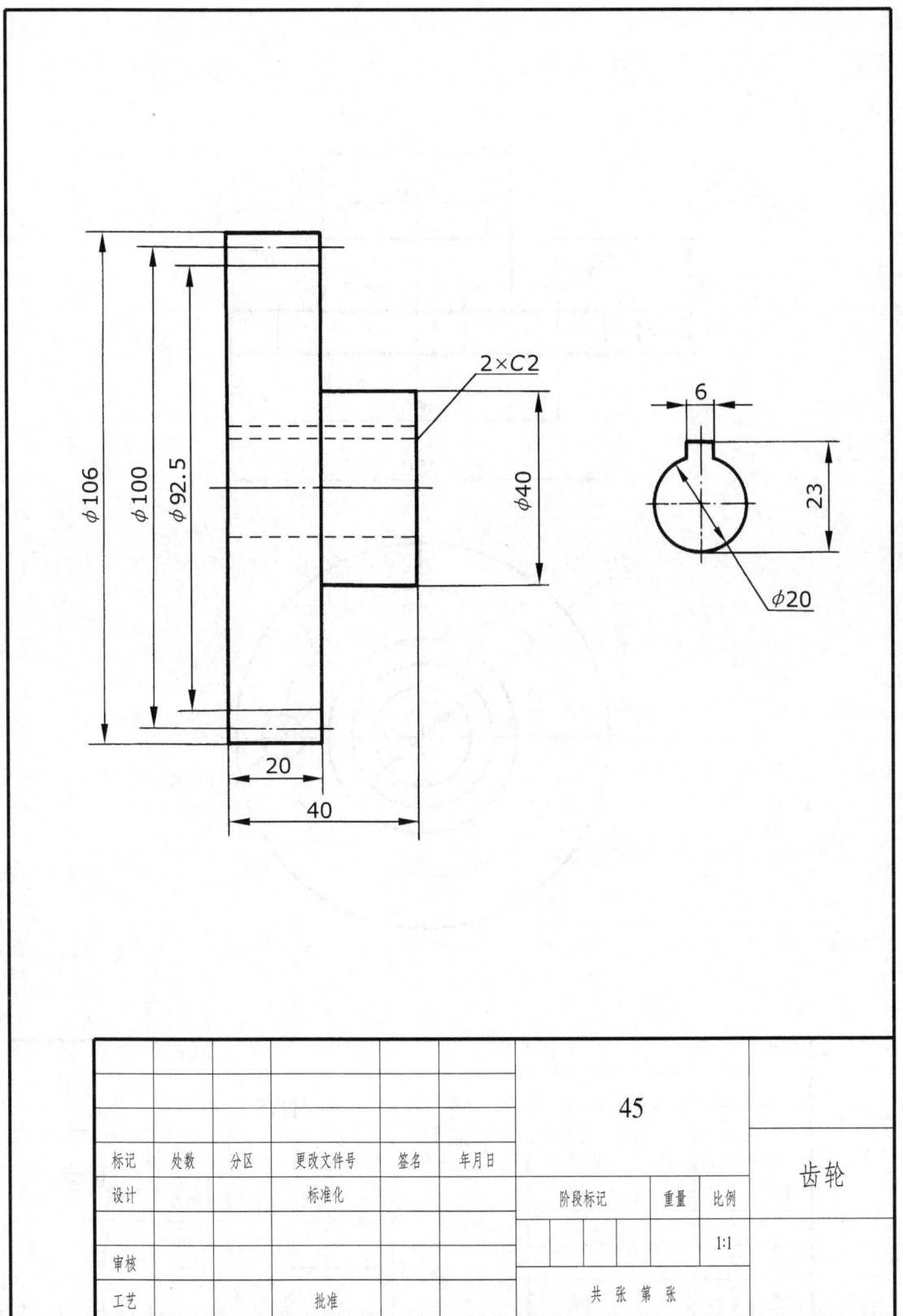

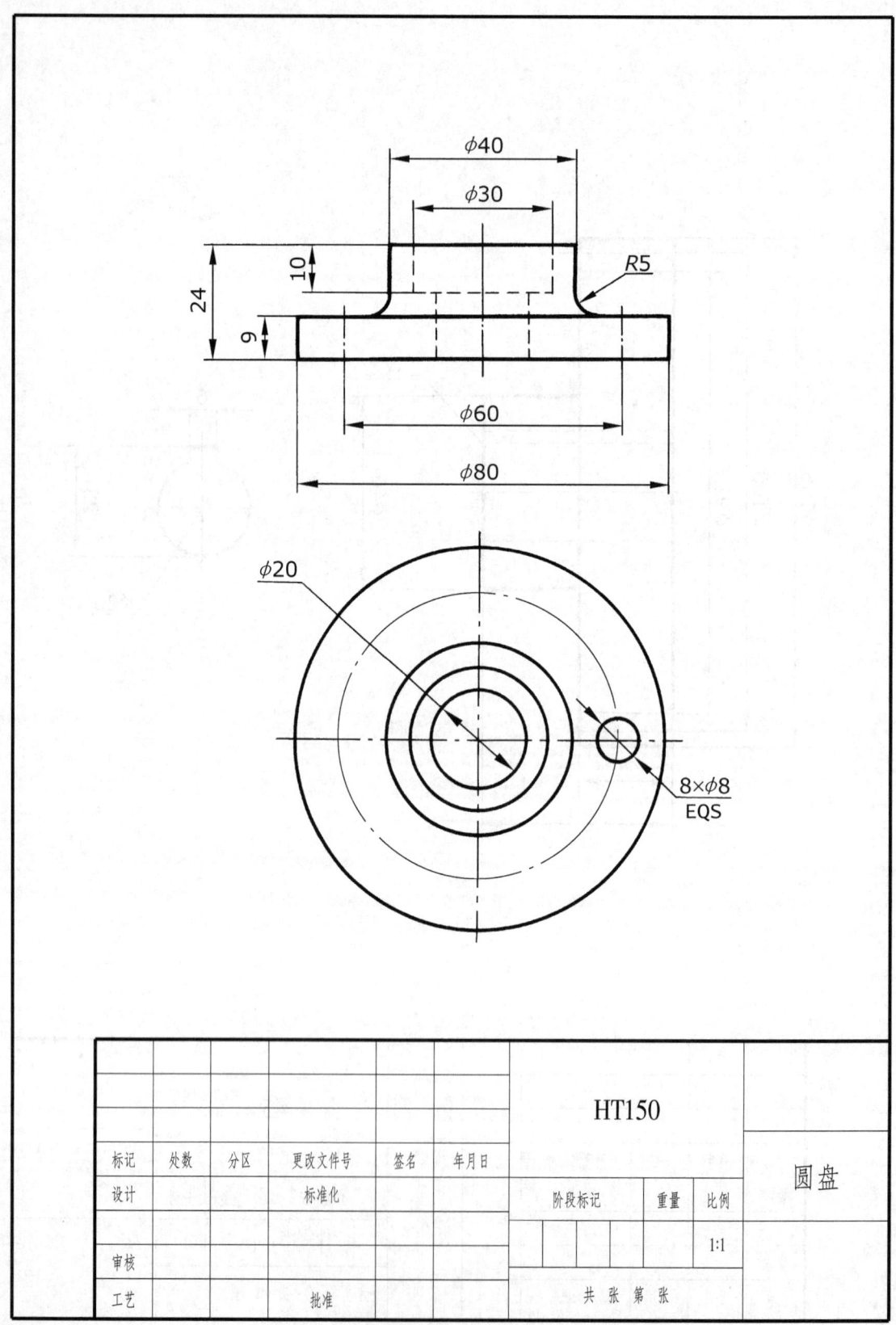

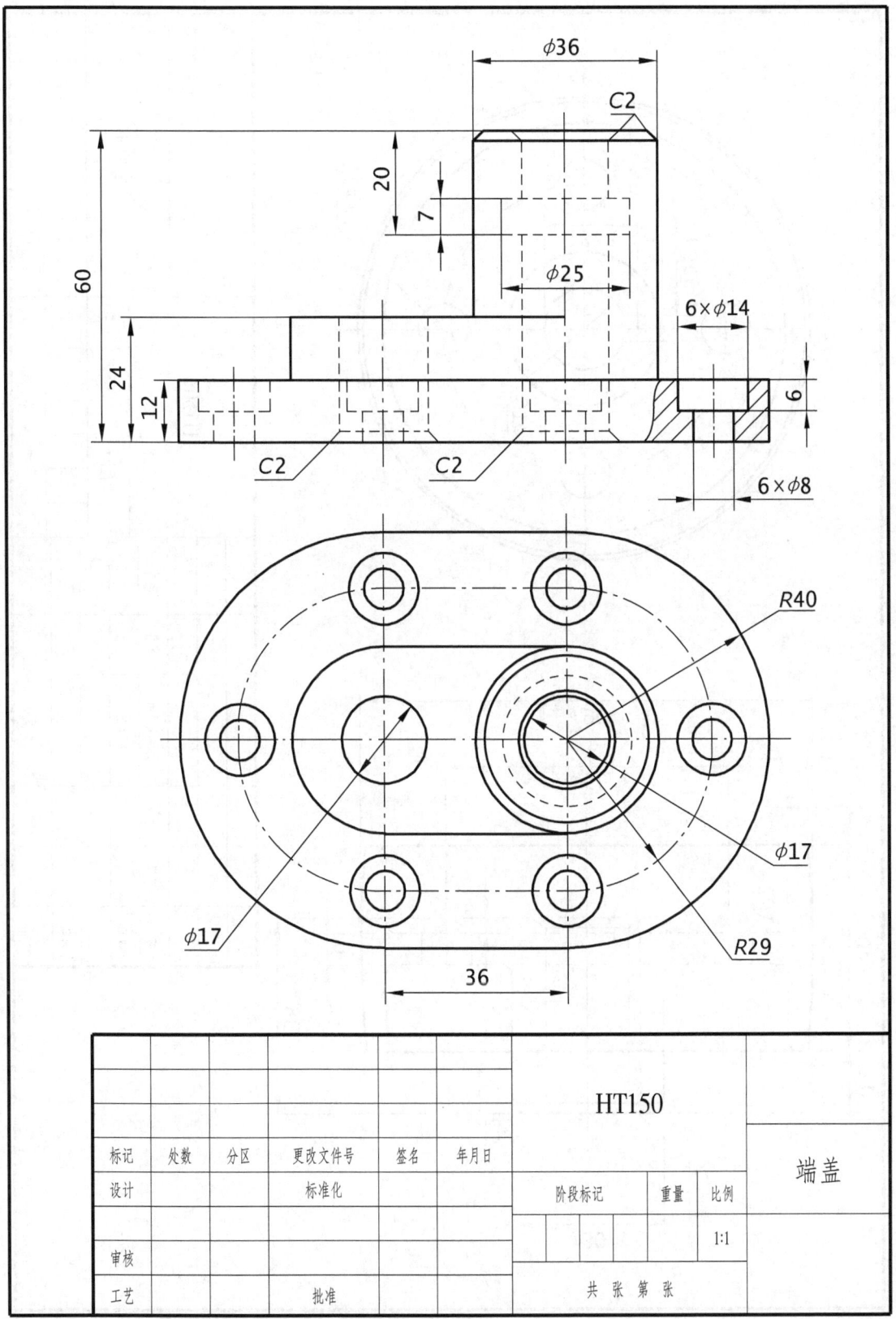

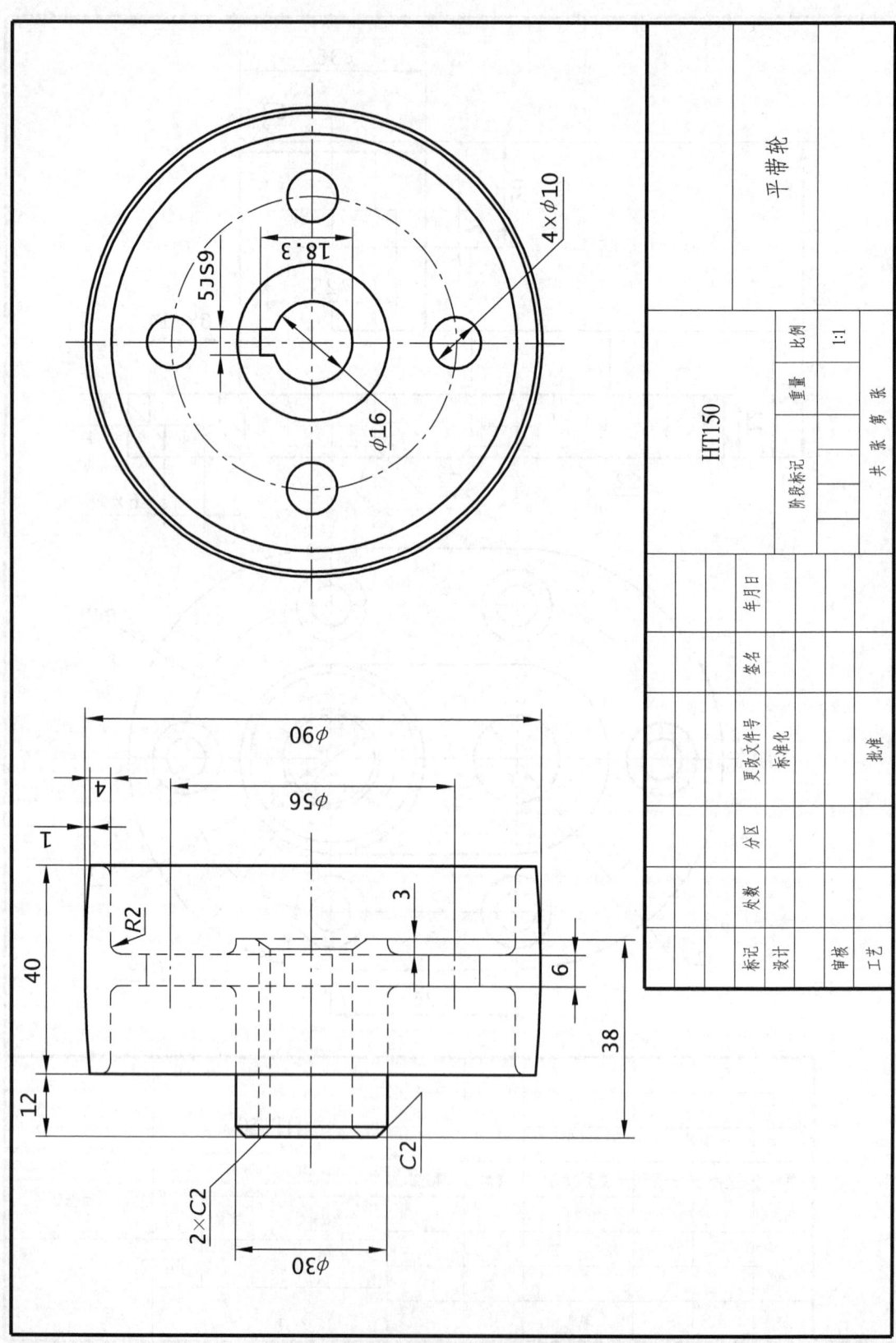

实验五 绘制视图

一、实验目的
1. 练习图层的建立，设置当前层及线型的装入，线型、颜色的设定。
2. 继续练习绘图命令和编辑命令的操作方法。
3. 练习"对象捕捉"、"极轴"和"对象追踪"等命令的设置及使用方法。

二、实验内容
绘制例图 1、例图 2 和例图 3 中的视图，选绘其余例图中的视图（不标注尺寸）。

三、实验步骤
1. 设置绘图环境：
1）设置图纸幅面 A3（297×420）。
2）设置单位的精度为 0（DDUNITS）。
3）设置对象捕捉、极轴追踪和对象追踪。
4）设置图层、颜色、线型及线型的装入，线宽的设置。
5）画图幅面、边框线。
6）存成模板文件（*.dwt）。
2. 画例图 1 中的视图。
1）把 A3 图纸分隔成四等分；
2）用窗口放大，把 1）区放大；
3）选当前层，用点画线布图、定位；
4）选粗实线层，用偏移命令按尺寸确定图形轮廓；
5）用直线和圆的命令，打开对象捕捉绘制视图，删除多余的辅助线；
6）选虚线层，绘制视图中的虚线；
7）依次绘制其它视图。
3. 赋名存盘，可用同样步骤绘制例图 2 和例图 3。选绘例图 4、例图 5。
4. 退出 Auto CAD。

例图 1

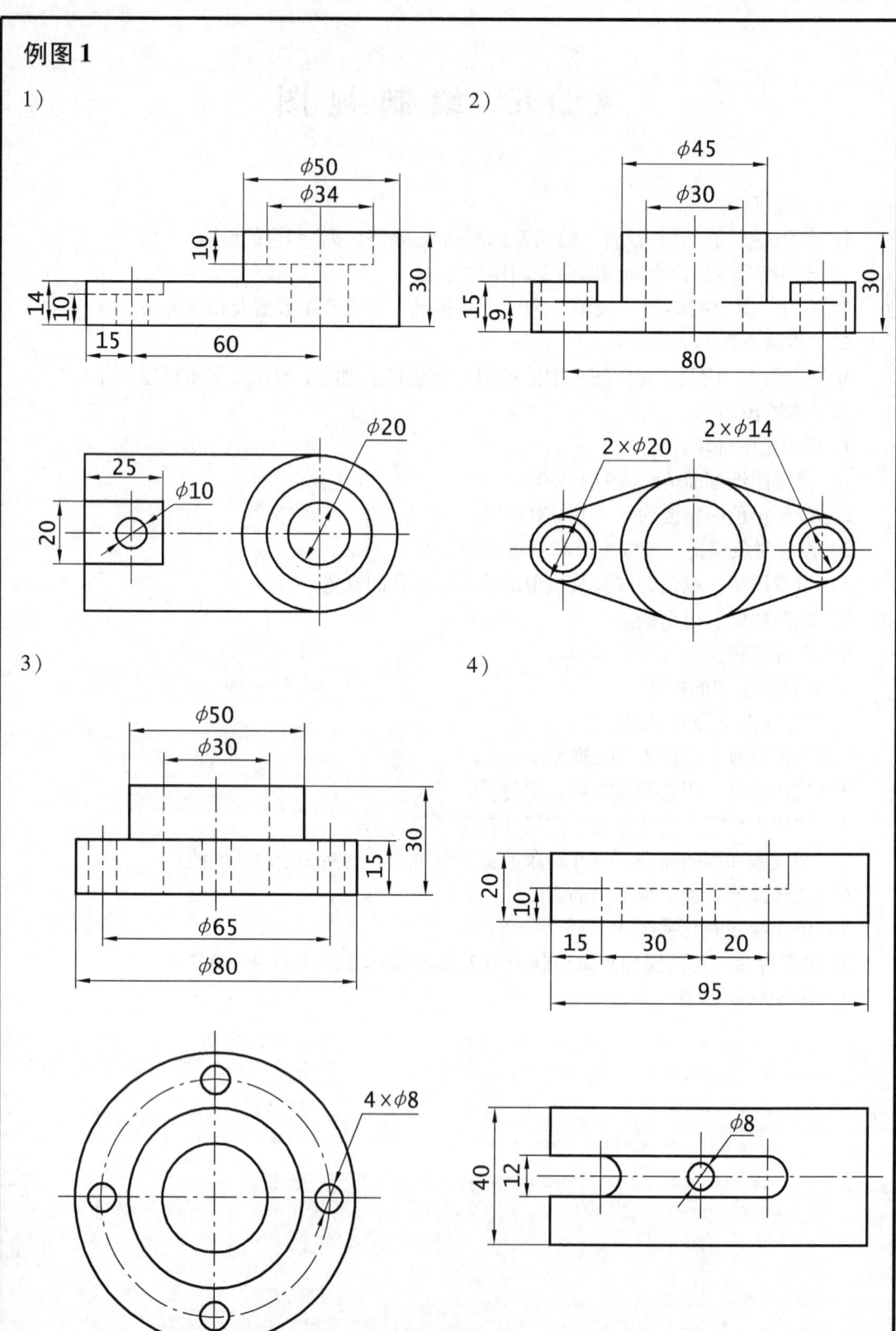

例图 2

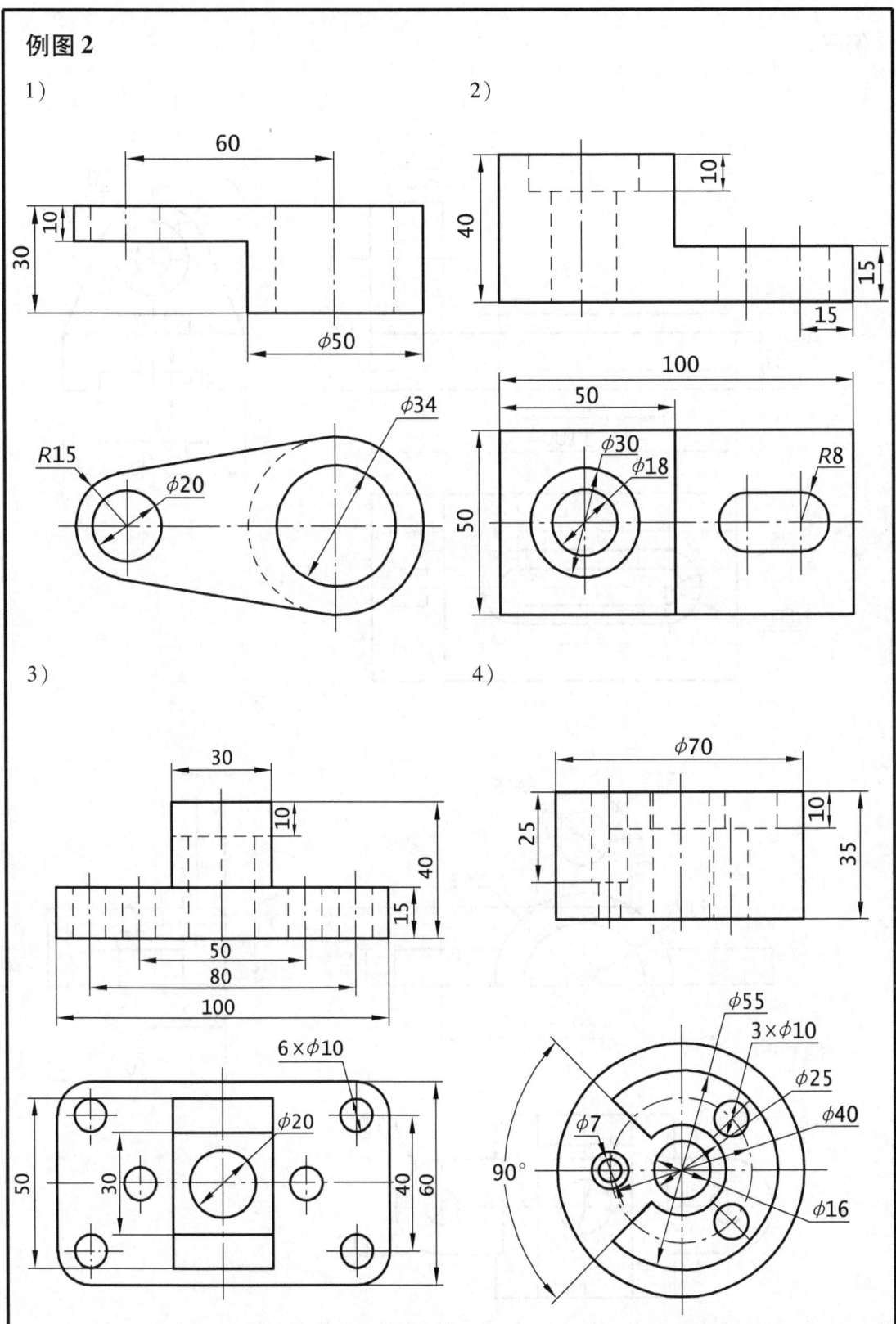

例图 3

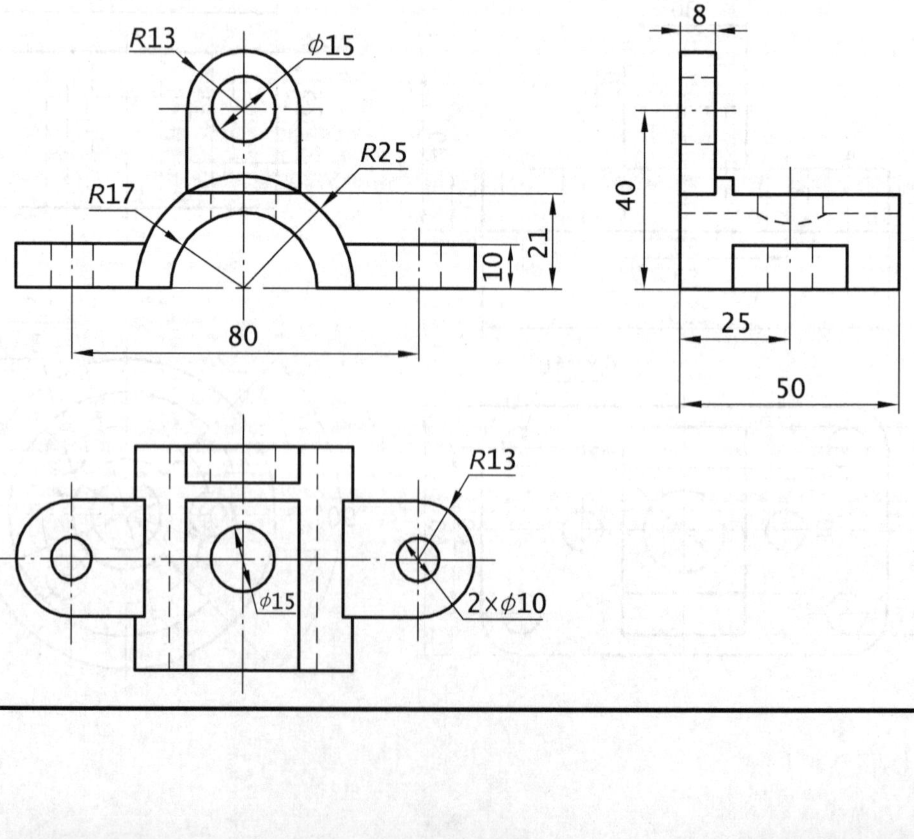

1)

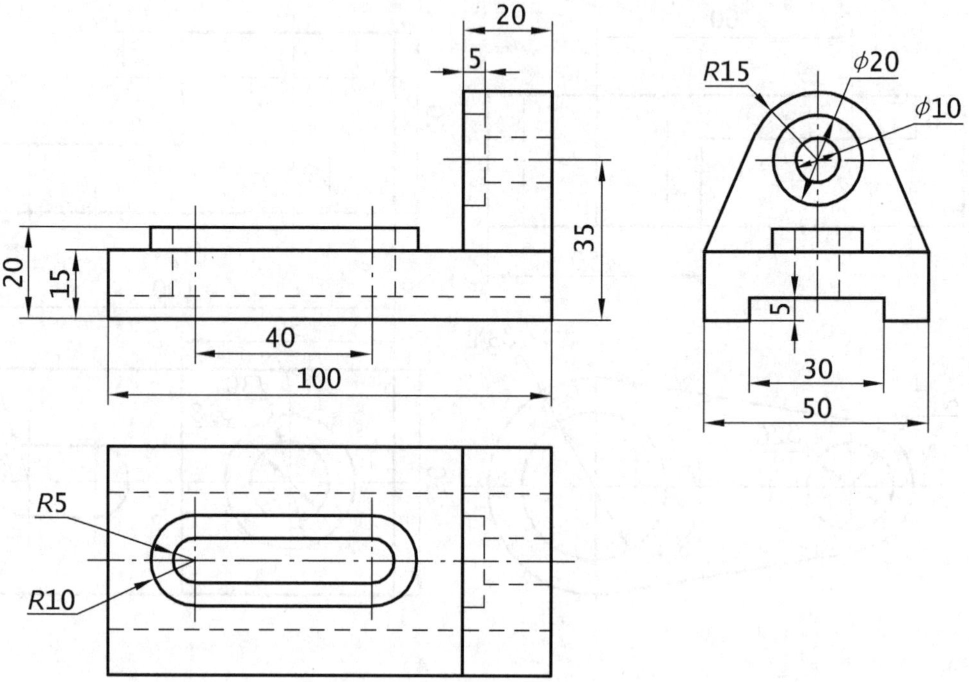

2)

例图 4

1)

2)

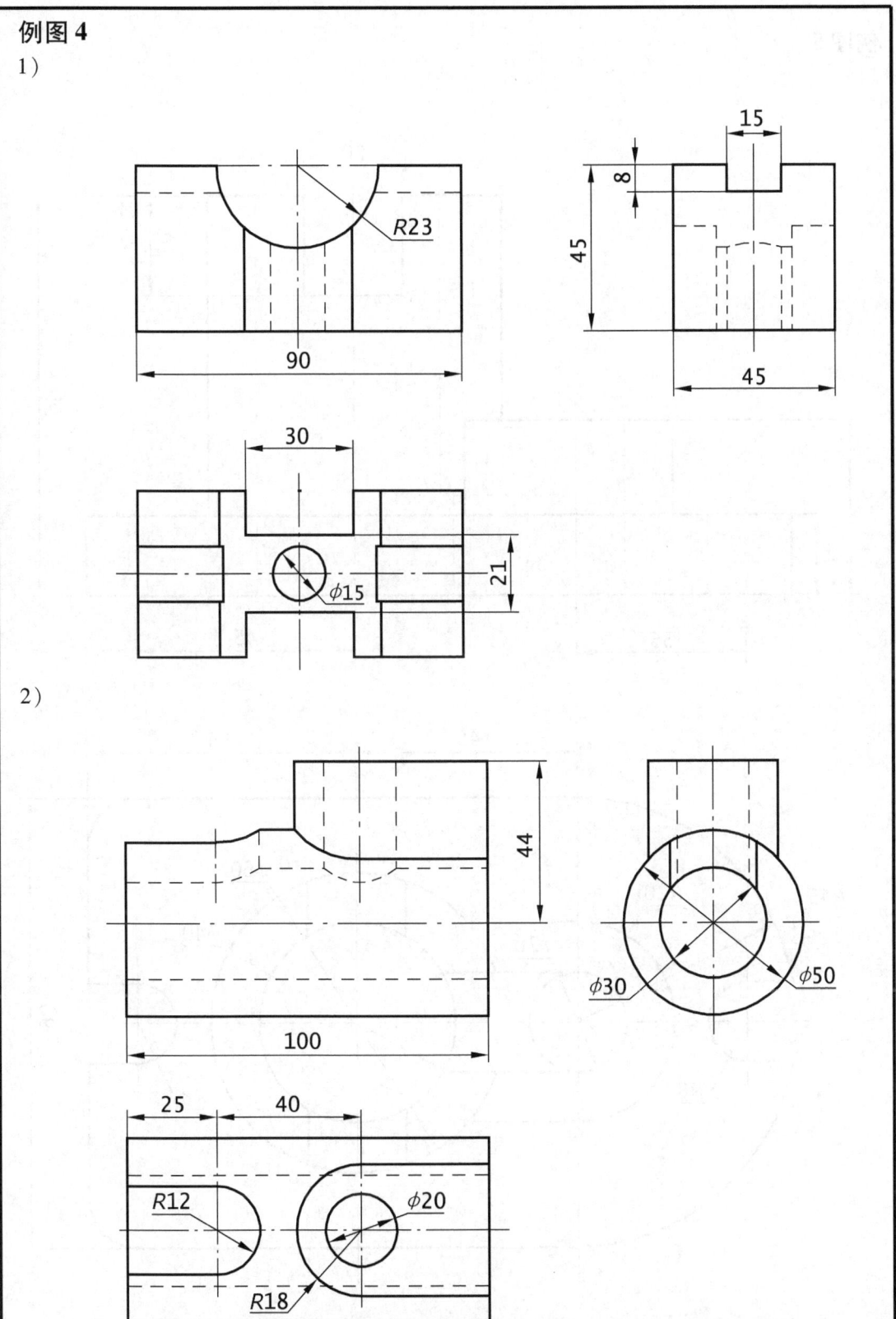

例图 5

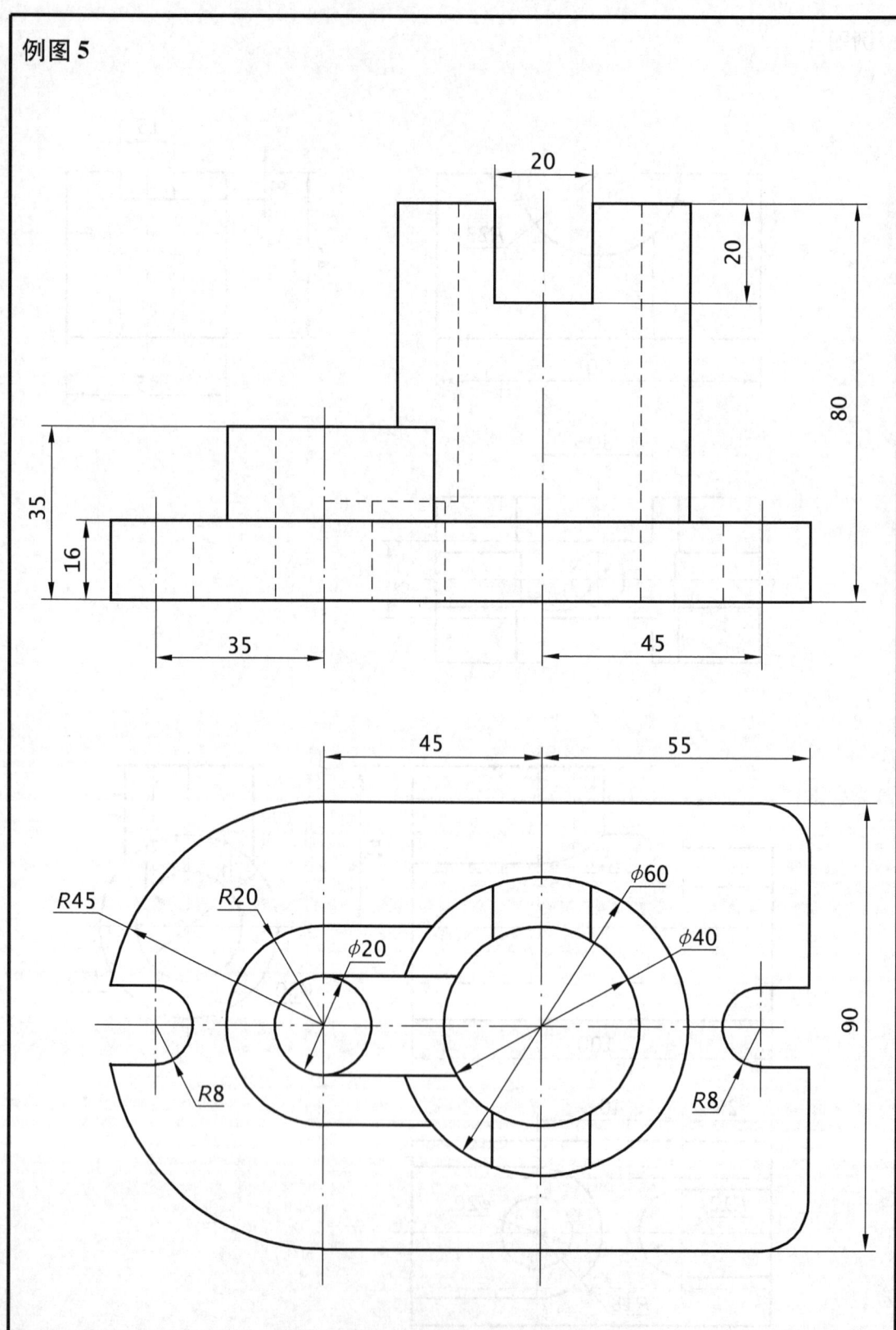

实验六　绘制剖视图

一、实验目的
1. 学习填充（BHATCH）命令的使用方法。
2. 进一步练习三视图的画法。

二、实验内容
1. 将实验五的三个例图中的主视图改画成剖视图，见实验六的例图 2、例图 3、例图 4。其余例图选画。
2. 绘制三视图，见实验六的例图 1。

三、实验步骤
1. 打开实验五所存视图，将主视图改画成剖视图。
1）将主视图改画成剖视图，将虚线改画成实线；
2）从绘图菜单选择图案填充或左键单击绘图工具栏图案填充图标，弹出边界图案填充（Boundary Hatch）对话框；
3）左键单击图案（Pattern）…按钮，弹出图案预定义（Hatch Pattern Palettr）对话框，左键单击所需图样（注意：要符合国家标准规定）；
4）确定图案特性（Pattern Properties），选比例及角度，左键单击 OK；
5）边界选择（Boundary），选一种方式（一般选拾取内点），左键单击 OK，选择图中的封闭区域（注意：若区域不封闭则不执行），回车，返回对话框；
6）左键单击"进行"。
2. 完成图样后，赋名存盘。
3. 打开 A4.dwt，绘制例图 1 中组合体三视图，方法同前。

例图1

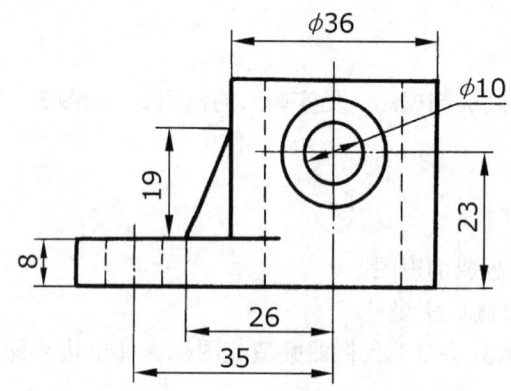
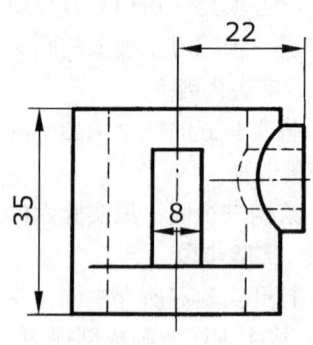
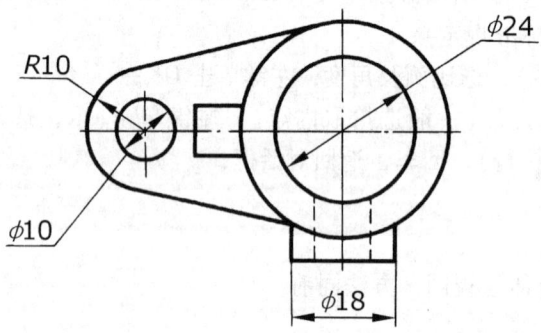

标记	处数	分区	更改文件号	签名	年月日				组合体
设计			标准化			阶段标记	重量	比例	
审核								1:1	
工艺			批准			共 张 第 张			

例图 2

1)

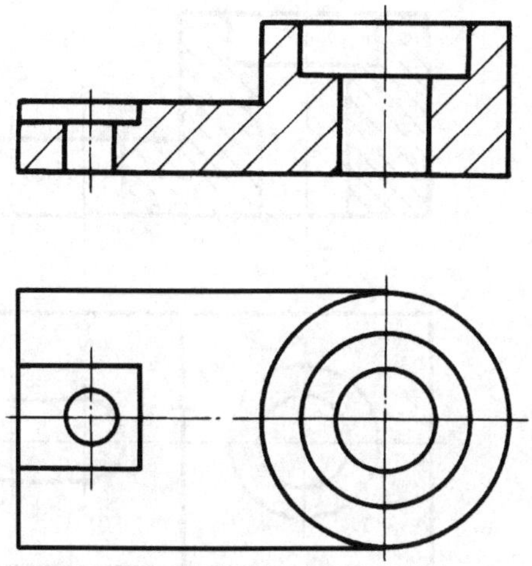

2)

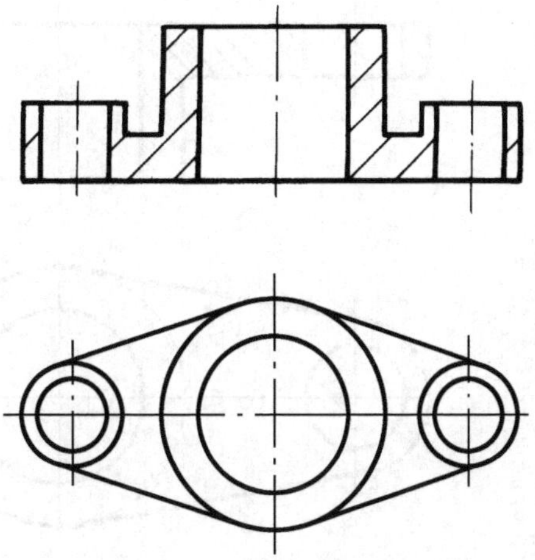

3)

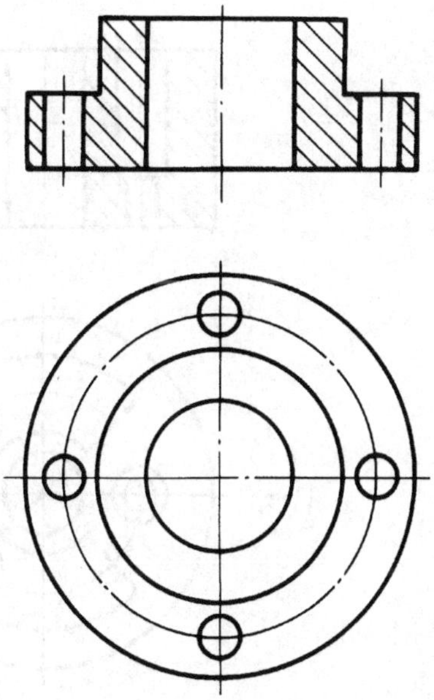

4)

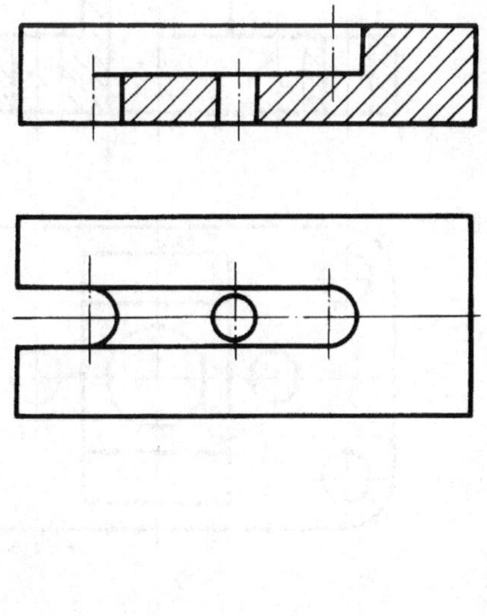

例图 3

1)

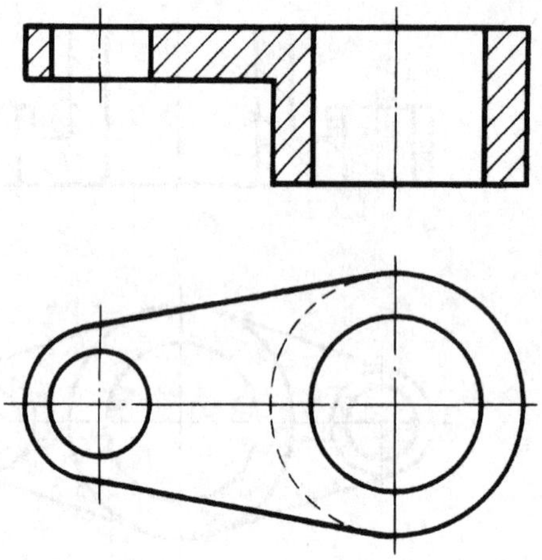

2)

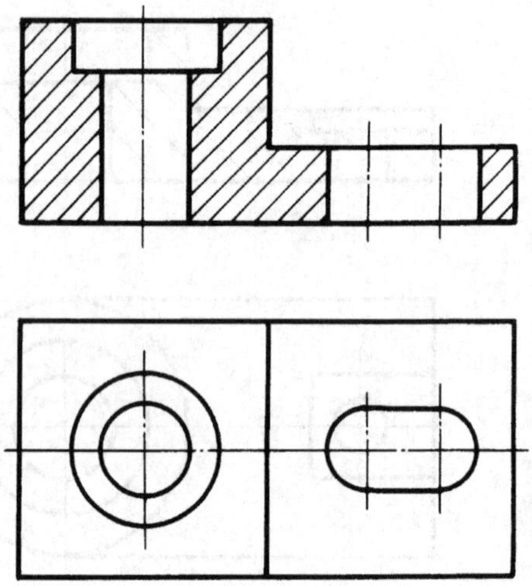

3)

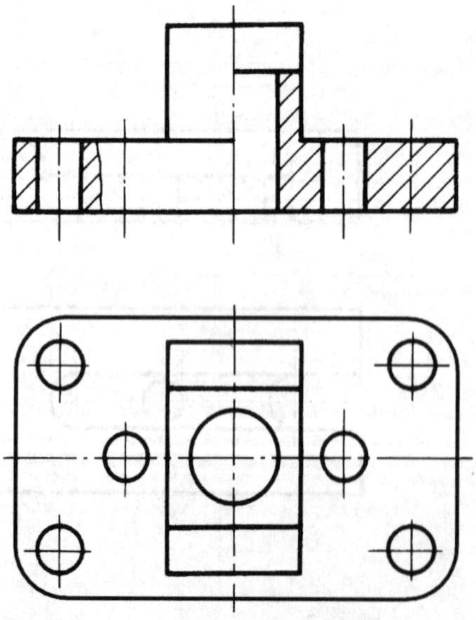

4)

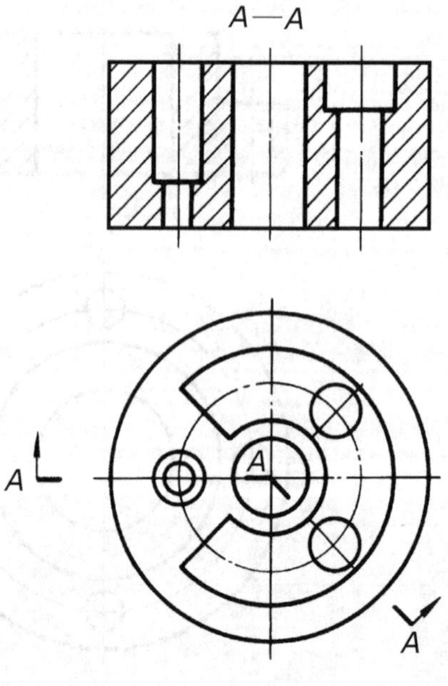

$A-A$

例图 4

1)

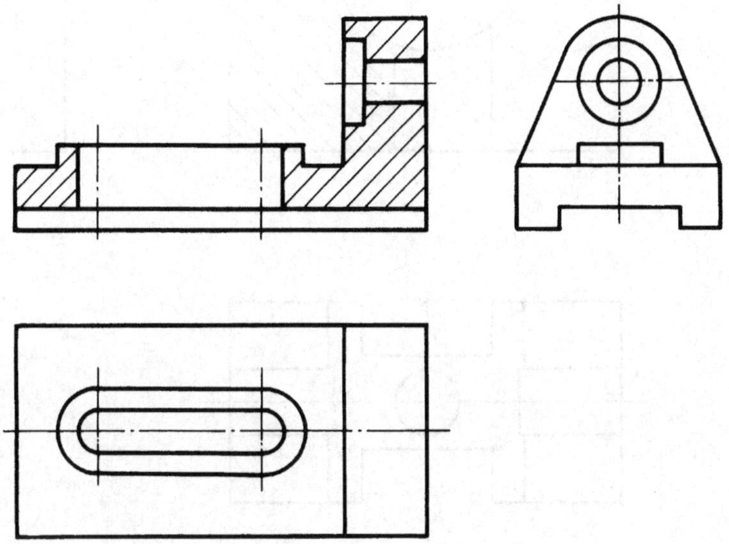

2)

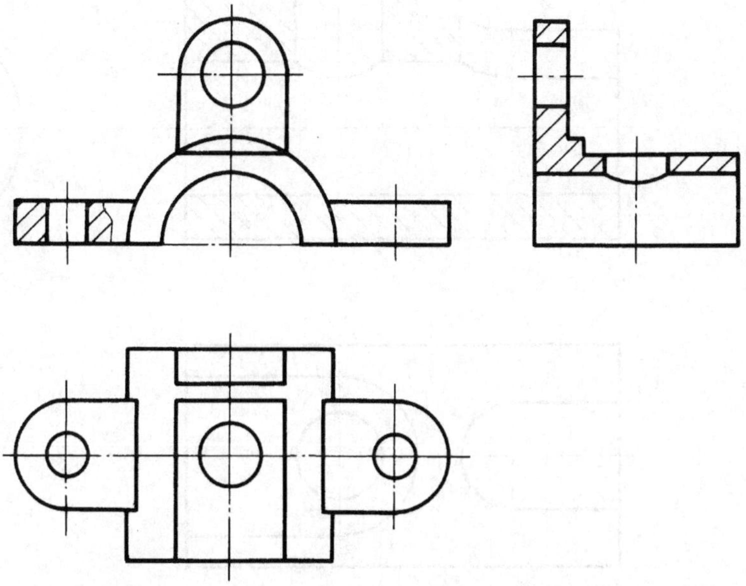

例图 5

1)

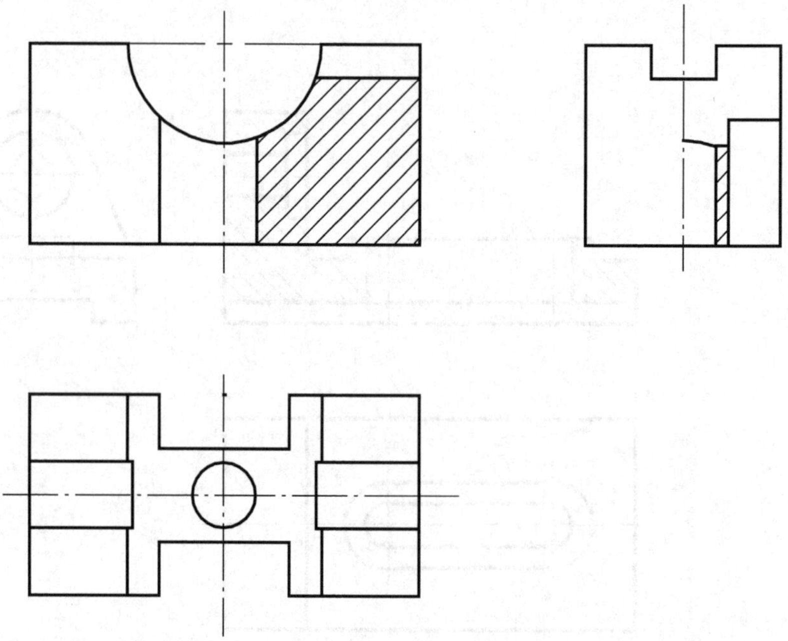

2)

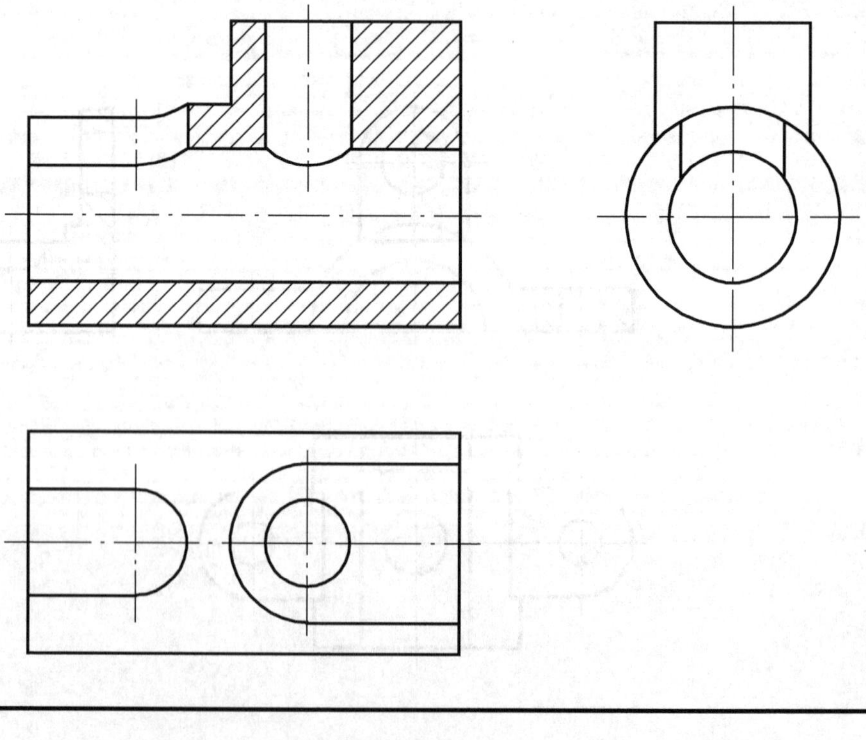

例图 6

实验七　尺　寸　标　注

一、实验目的

练习尺寸参数的设置和尺寸标注命令的使用，以及尺寸公差和形位公差的标注方法。掌握尺寸的编辑方法。

二、实验内容

先将实验六中的例图1改画成剖视图并标注尺寸，见实验七例图1。再将实验六的其它例图标注尺寸，见实验七的例图2～例图6。

三、实验步骤

1. 进入 Auto CAD，打开实验六的例图1，改画成剖视图（波浪线用样条曲线命令 SPLINE）。

2. 创建尺寸标注样式

1) 打开尺寸标注工具栏（视图菜单中左键单击"工具栏"在对话框中打开尺寸标注工具栏）。

2) 启动建立标注样式命令（DIMSTYLE）或左键单击标注工具栏中尺寸标注样式按钮或选格式菜单中尺寸标注样式，出现标注样式管理器对话框。

3) 选取修改按钮，弹出"修改标注样式"对话框。在此对话框中设置尺寸线、尺寸界线和箭头、设置圆心标记；设置尺寸文本外观、文本位置和文本对齐方式；设置适应格式（调整）；设置主单位；设置换算单位；设置尺寸公差。（注意：所有设置应按国家标准进行设置）。

4) 如选取新建按钮，弹出"创建新标注样式"对话框。①在"新样式名"栏中输入所建尺寸样式名称"样式1"，其余使用默认值；点取"继续"按钮，弹出一个"新建标注样式：样式1"对话框。②在"直线和箭头"标签内设置尺寸线的颜色为"随层"，尺寸线间距为 ≥7；尺寸界线的颜色为"随层"，超出量为2，与原点的间距为0；箭头大小为4，其余使用默认值。③打开"文字"标签，设置文本的颜色为"随层"，文字高度为3.5；文本与尺寸线之间的距离为1。其它使用默认值。④打开"主单位"标签，设置线性尺寸精度为0；角度型尺寸的精度为0。其余使用默认值。⑤全部设置完成后，点取"确定"按钮，回到"标注样式管理器"对话框。⑥若有的项目不符合国家标准，则需新建，从基础样式用于下拉列表中选取要修改的项目，点击"继续"进行单项的修改。设置完成后，点击"确定"按钮，回到"标注样式管理器"对话框。此时，对话框中"样式"列表中显示样式1名称，点取"置为当前"按钮，则新创建的标注样式即为当前格式。⑦点取"关闭"按钮，退出标注样式管理器。

若要标注"公差"，则需要另设一个新的标注样式，打开"公差"标签，公差尺寸设置为极限偏差方式，精度为0.000，上偏差值默认为正值，下偏差值默认为负值，标注时不控制小数中的零的显示，"公差"对齐方式为底对齐，字高系数为0.7。其余使用默认值。其它同前。

3. 给三视图标注尺寸，赋名存盘。

4. 打开实验六的例图2、例图3和例图4标注尺寸，选作其余例图，分别赋名存盘。

5. 退出 Auto CAD。

例图1

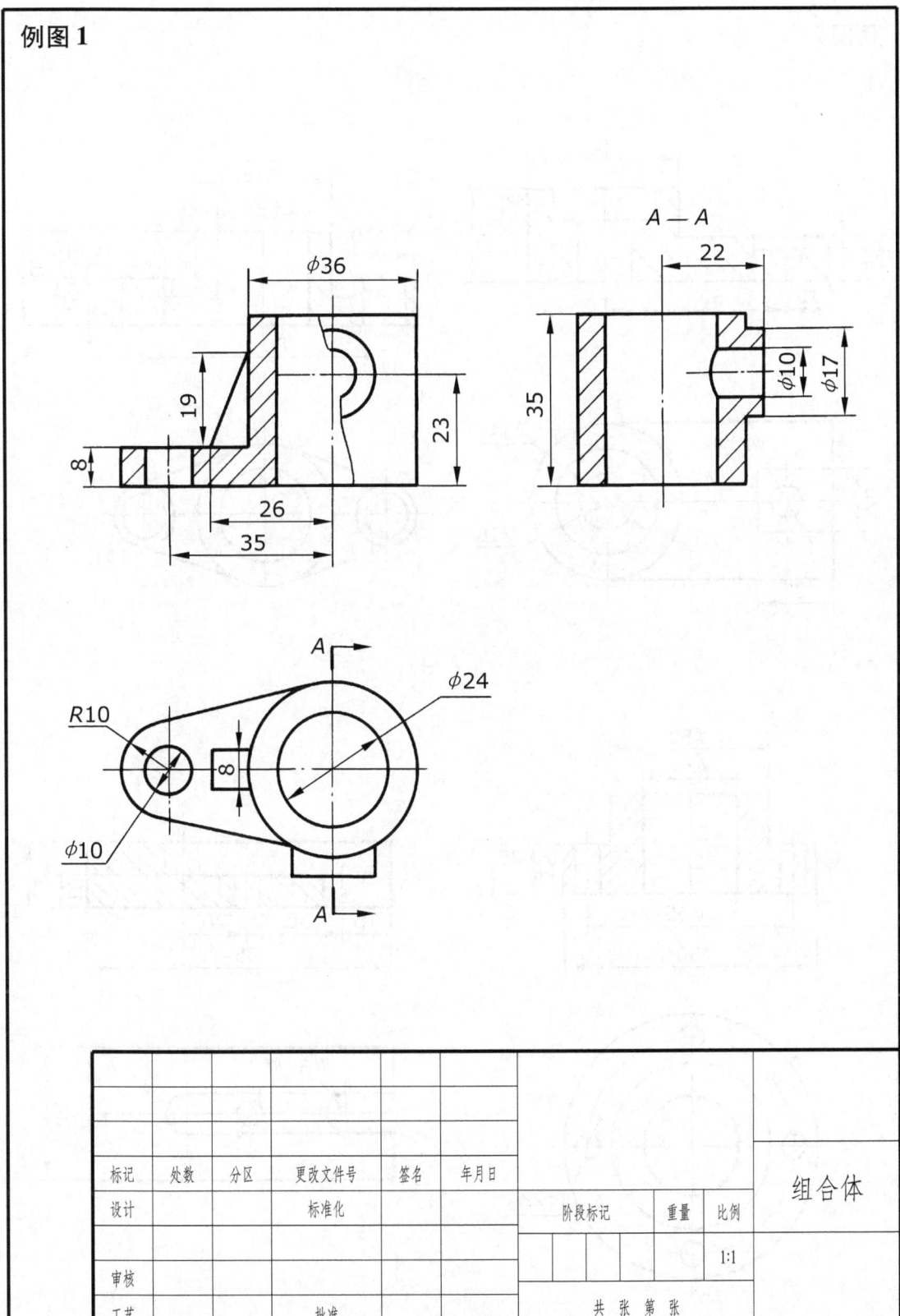

例图 2

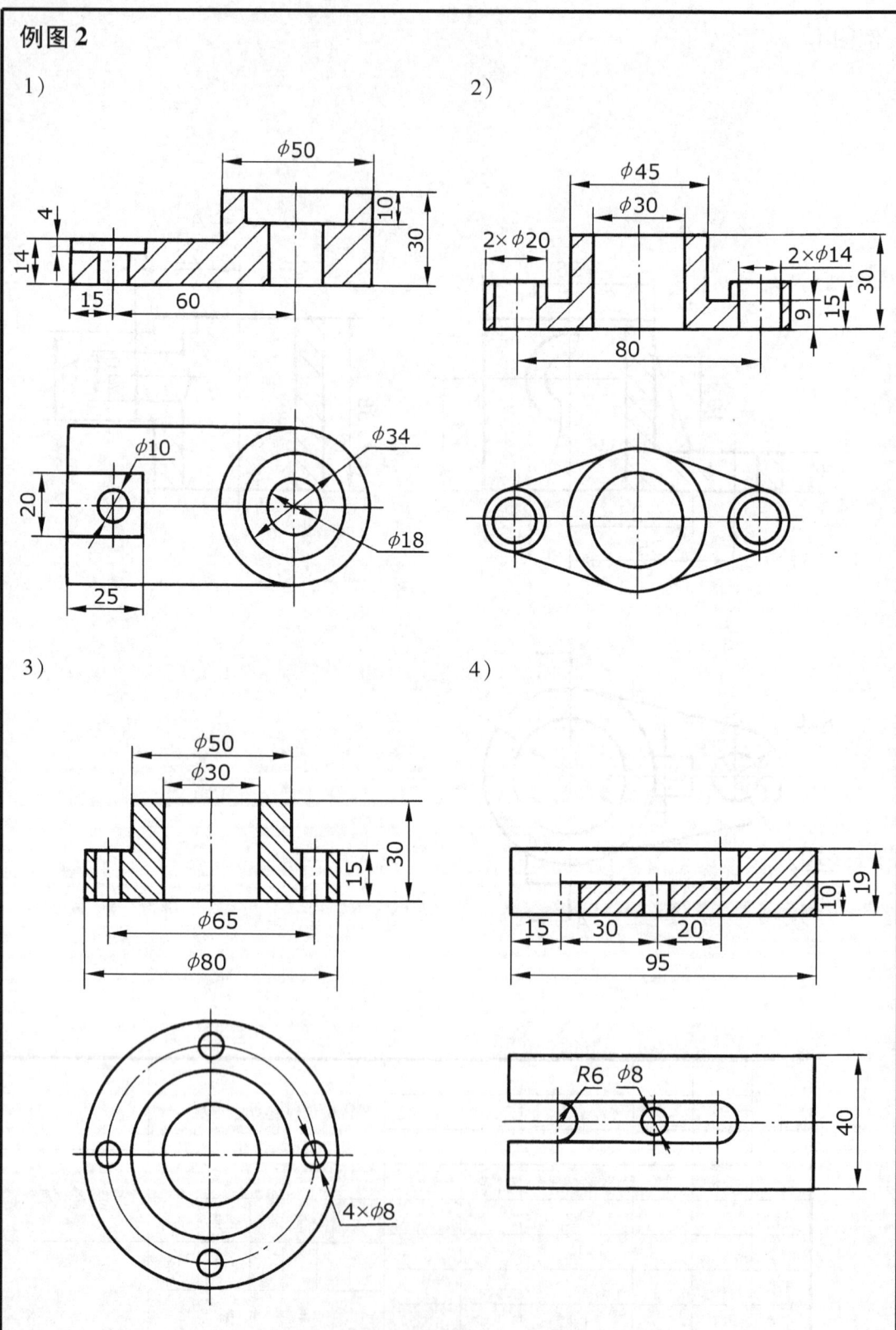

例图 3

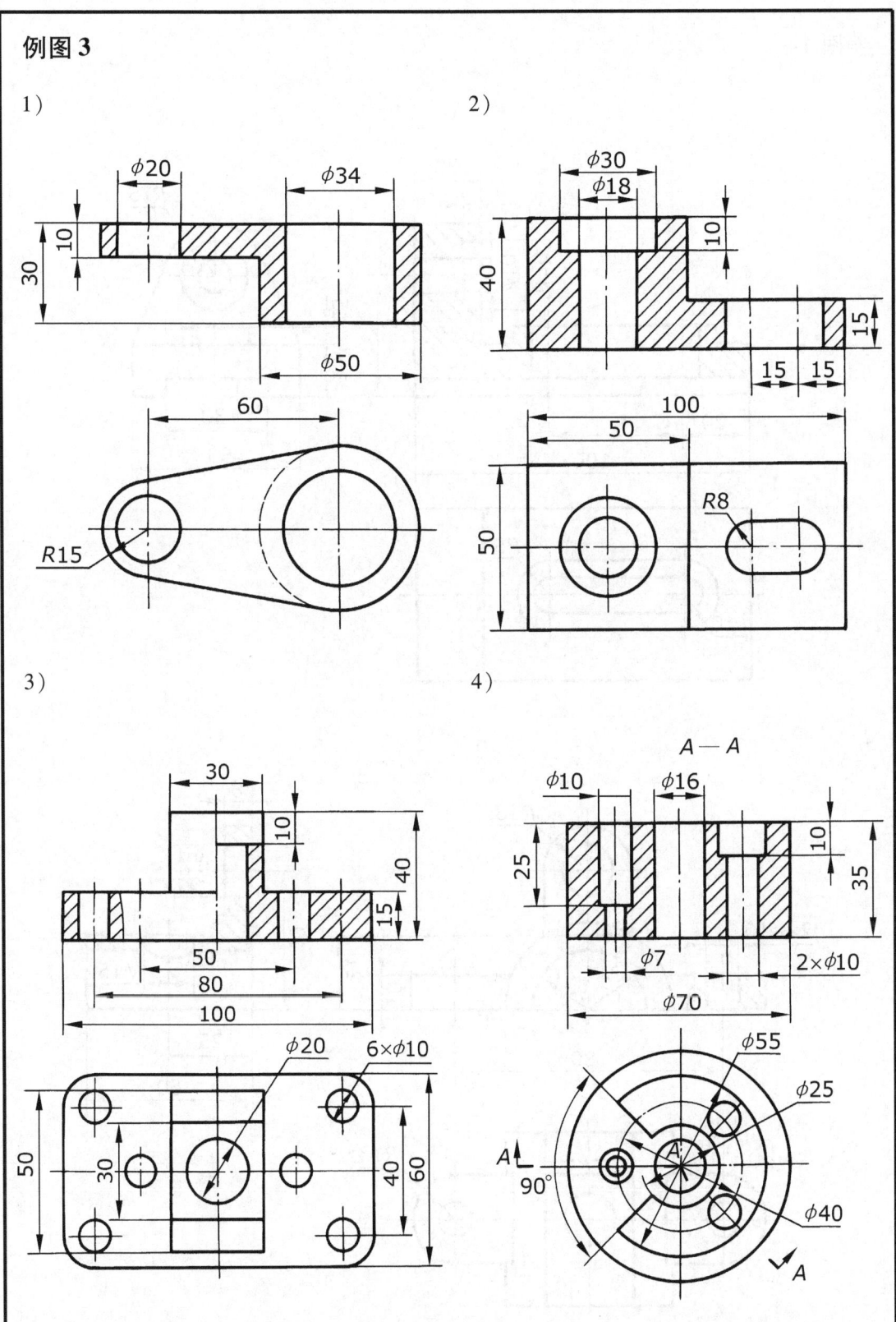

例图 4

1)

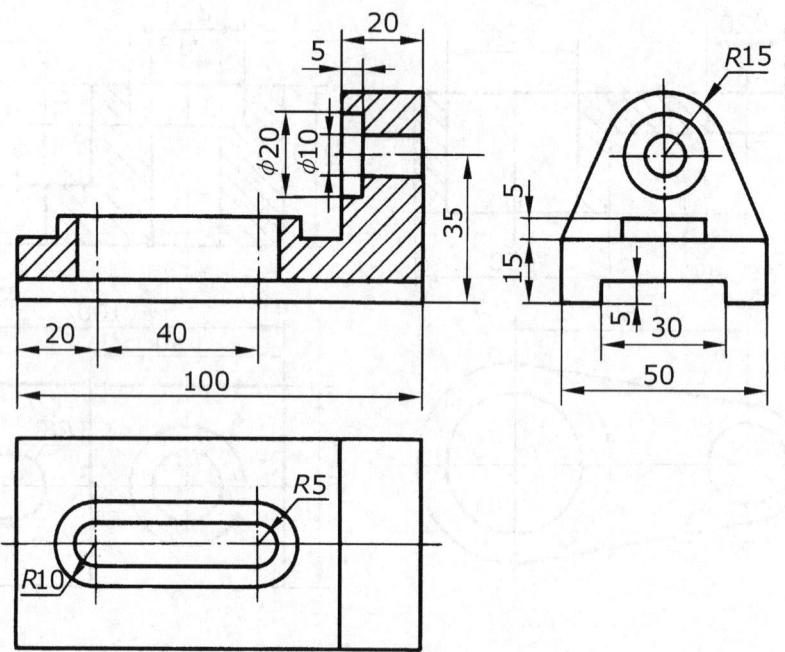

2)

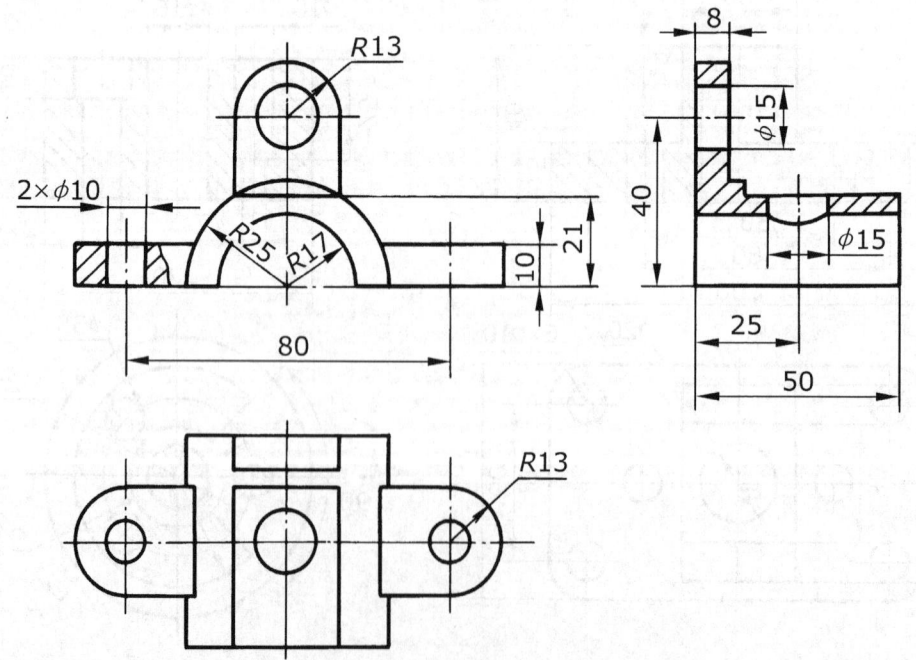

例图 5

1)

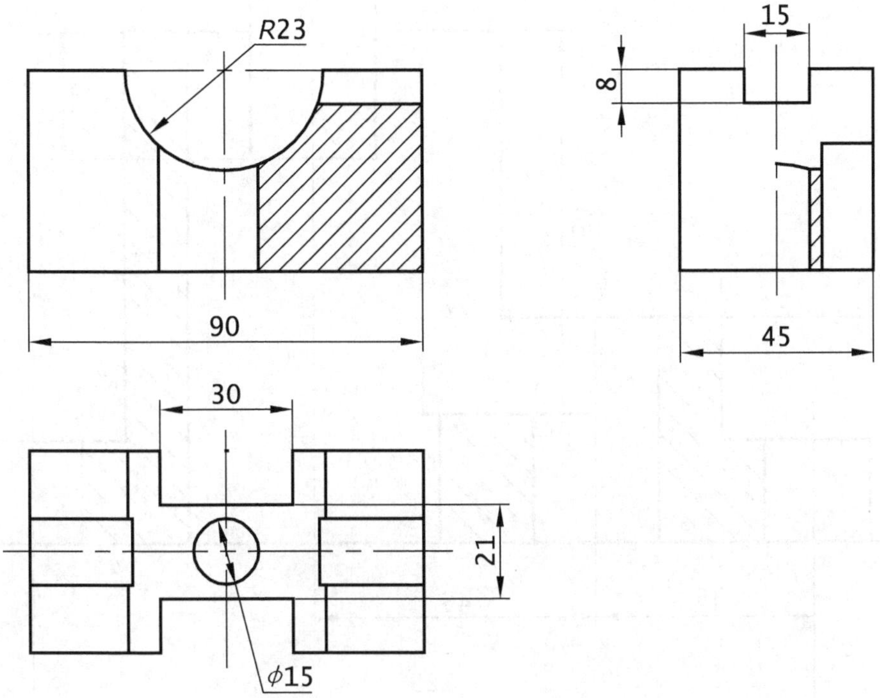

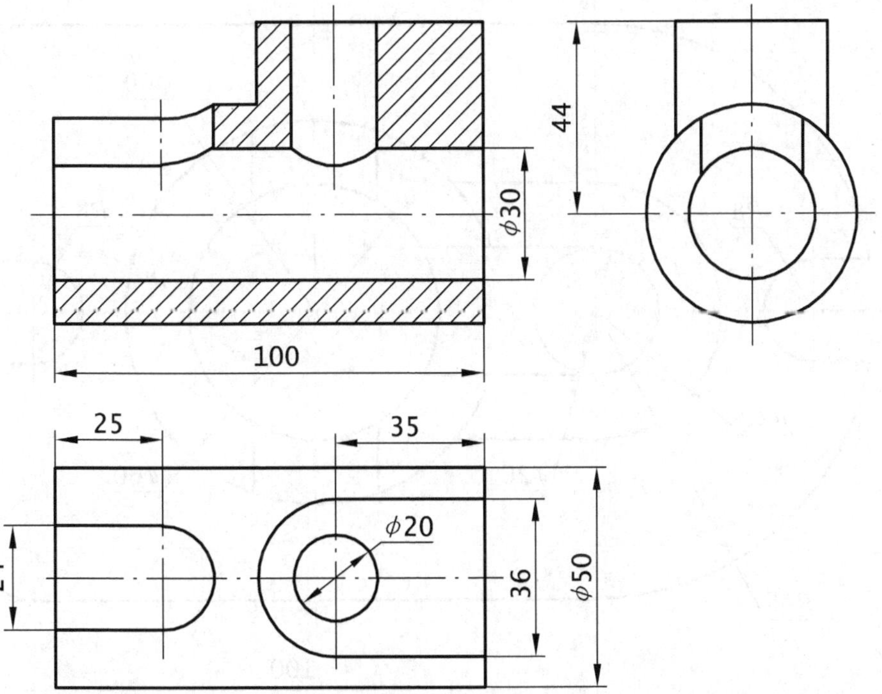

例图 6

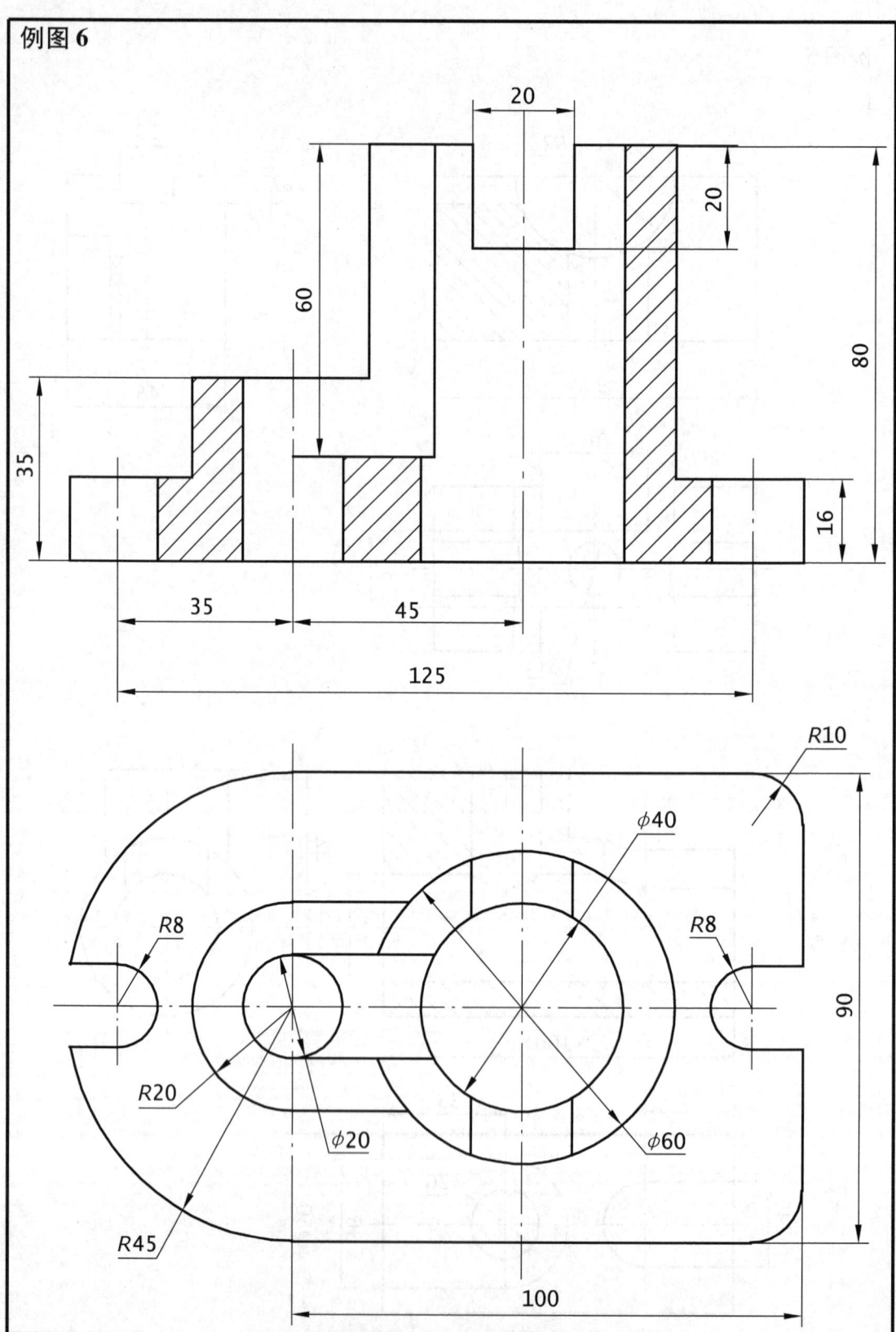

实验八 绘制轴的零件图

一、实验目的

练习尺寸标注及零件图的画法。

二、实验内容

画例图 1 和例图 2 所示轴的零件图，选画其余的零件图。

三、实验步骤

1. 进入 Auto CAD，打开 A4 模板图。

2. 设置绘图环境，设置图层、颜色、线型、线宽。

3. 绘制轴的视图

1）把中心线层设置为当前层，绘制定位轴线；

2）在粗实线层绘制轮廓线；

3）标注表面粗糙度。（按照国家标准绘制表面粗糙度符号，复制或阵列成需要的数量，写上表面粗糙度数值，用旋转和移动命令逐个进行标注）。

4. 建立尺寸标注的样式，给视图标注尺寸及技术要求。

5. 填写标题栏。

6. 赋名存盘，退出 Auto CAD。

例图1

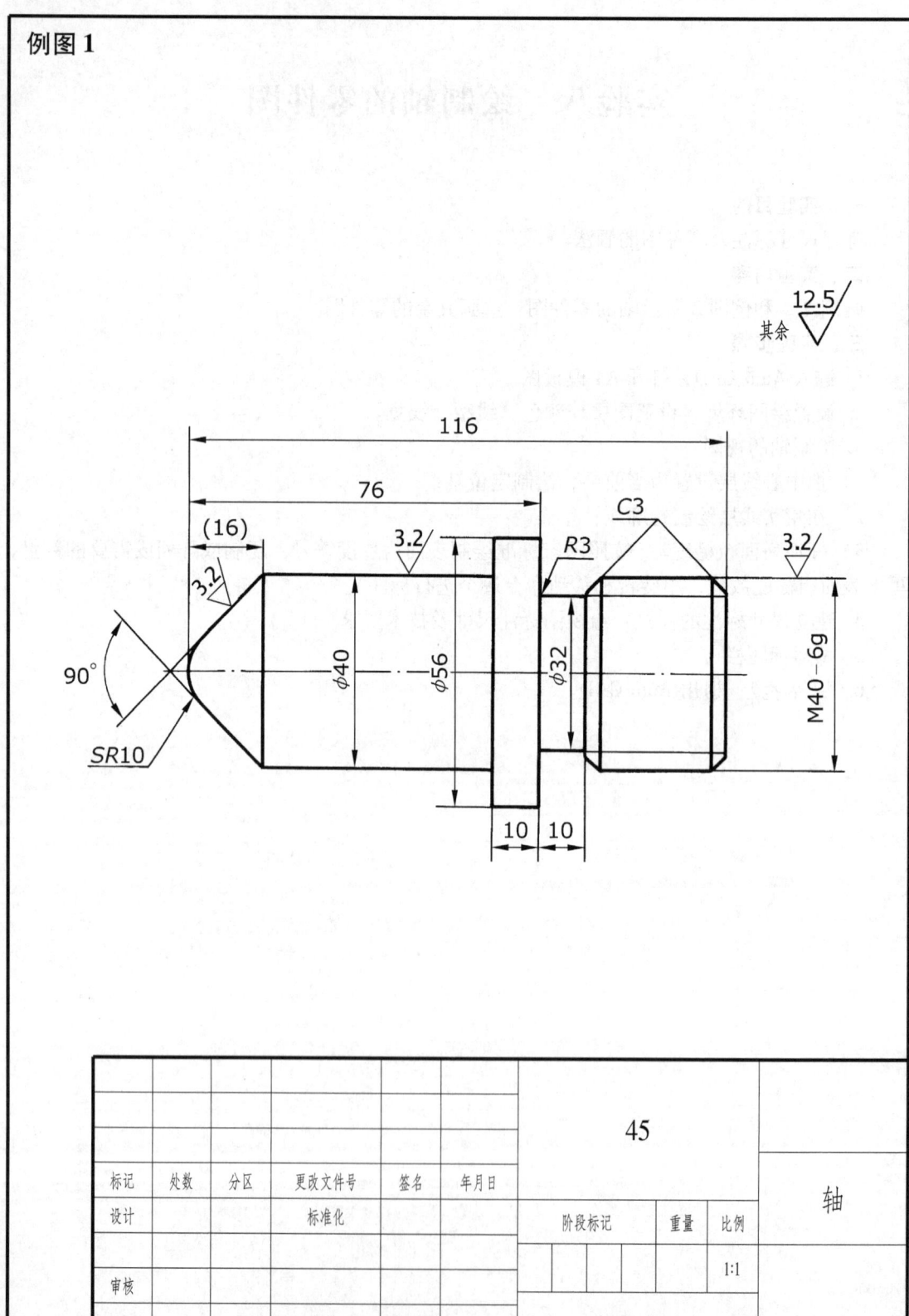

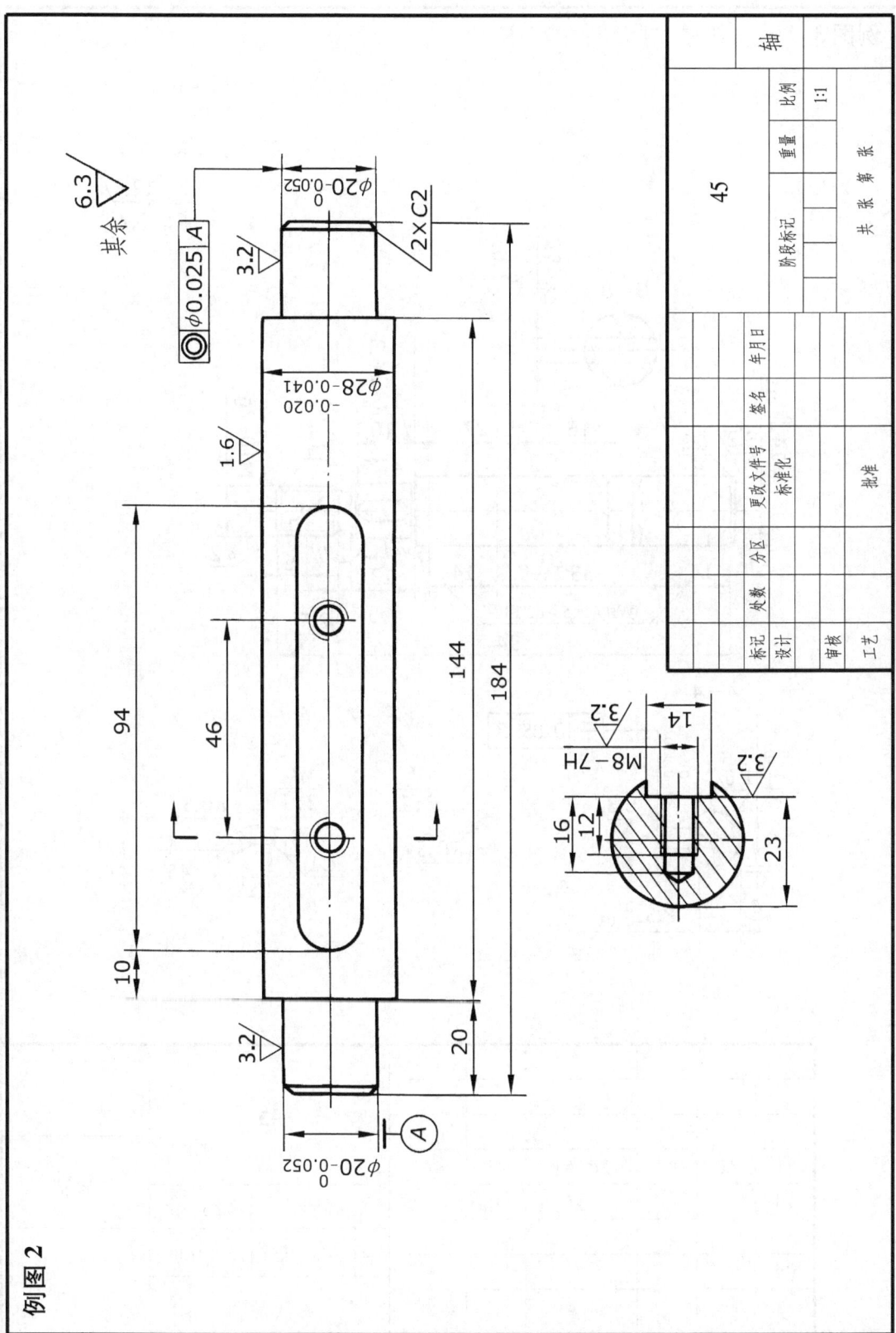

例图 2

例图 3

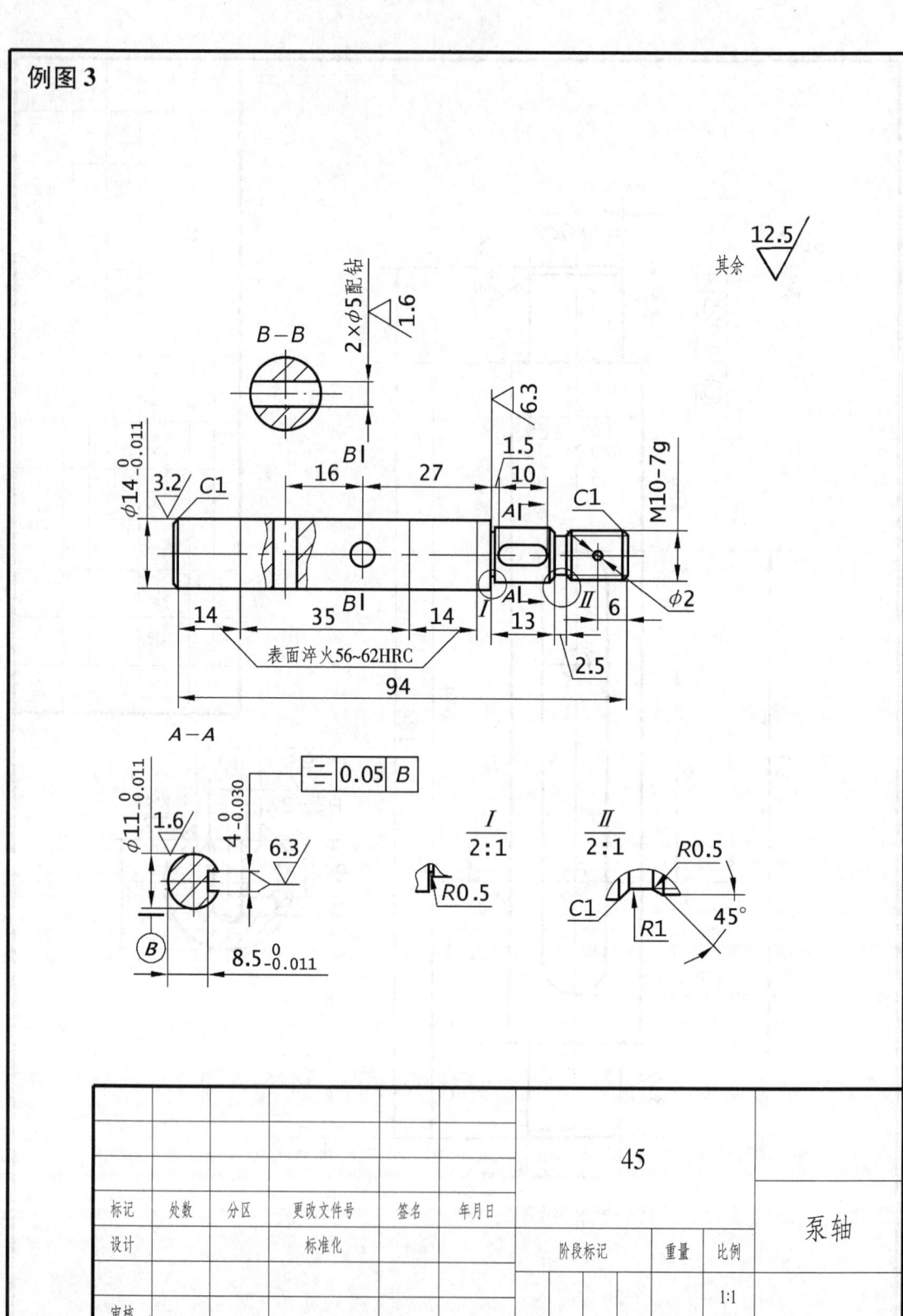

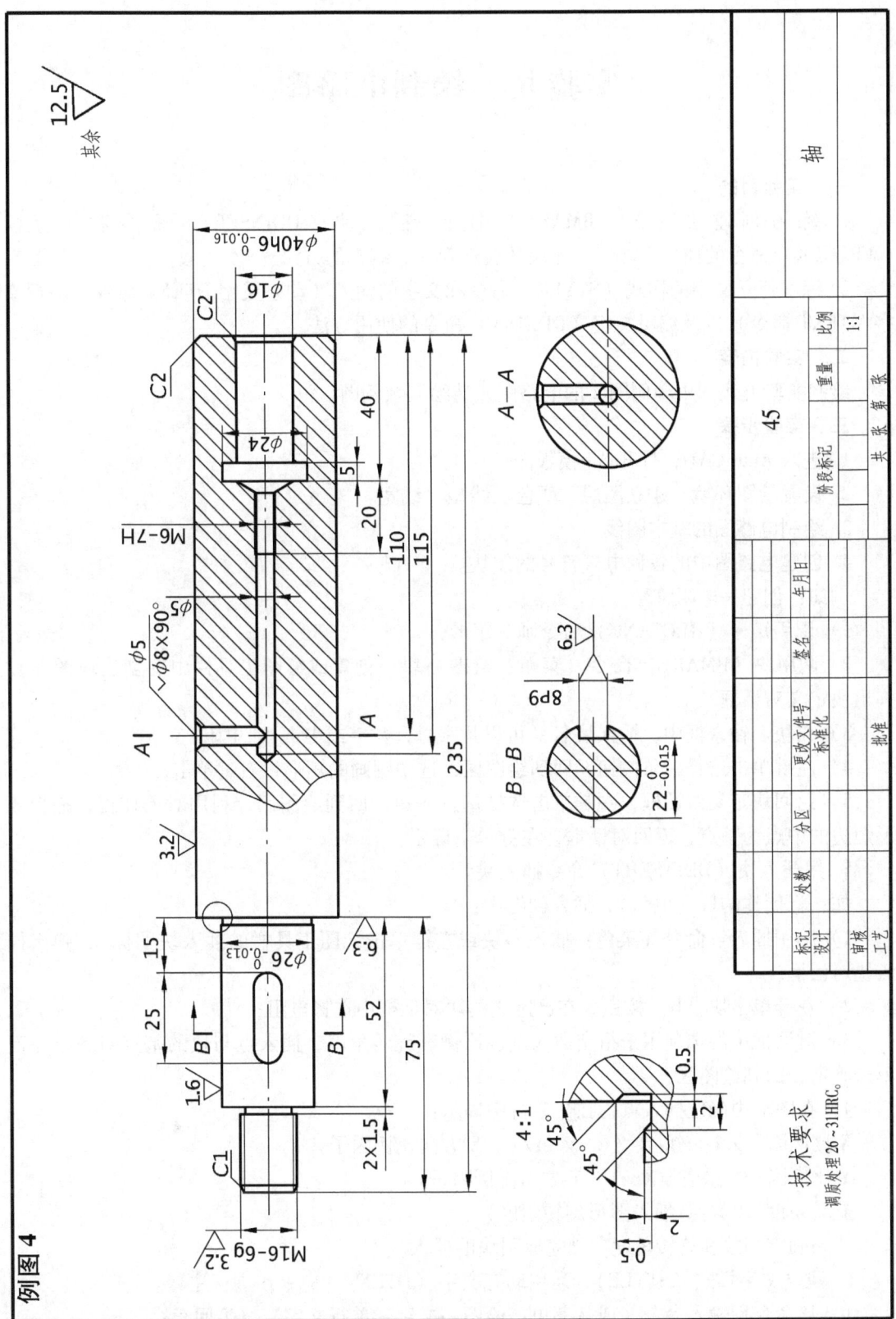

实验九　绘制电路图

一、实验目的
1. 练习创建块定义（BMAKE）命令、插入块（DDINSERT）命令和块存盘（WBLOCK）命令的使用方法。练习块的属性定义、编辑的方法。
2. 练习建立文字的样式（STYLE）命令和文字的输入（动态文字 DTEXT 命令、多行文字 MTEXT 命令）以及编辑文字（DDEDIT）命令的使用方法。

二、实验内容
绘制实验九例图 1 和例图 2 的电路图，选绘其余例图。

三、实验步骤
1. 进入 Auto CAD，打开 A4 模板图。
2. 设置绘图环境，建立图层、颜色、线型、线宽。
3. 绘制电路图的基本图线。
4. 创建电路图中的各种电气符号的图块。

例如：创建一电阻符号。

1）调用矩形（RECTANG）命令画一矩形；
2）调用块（BMAKE）命令（菜单：绘图→块→创建或绘图工具栏中的创建块图标），弹出块定义对话框；
3）在块名输入框中，输入块名（可以是字母、数字或中文）：电阻；
4）左键单击选择对象按钮，回到绘图区，选中刚画的矩形，右键单击；
5）返回块定义对话框，左键单击选择基点按钮，回到绘图区，利用对象捕捉，捕捉矩形短边的中点为基点，返回对话框，左键单击确定。

5. 用插入块（DDINSERT）命令插入块。

如：将创建的块（电阻），插入到图中：

1）调用插入块命令（菜单：插入→块或左键单击绘图工具栏的插入块图标），弹出插入块对话框；
2）左键单击块（B）按钮，在已定义的块对话框中选择电阻；
3）对话框中的选项用于指定插入点、比例和旋转角度，插入点与块的基点对齐，左键单击确定，回到绘图区；
4）在图形中确定插入点，在命令行中提示：

X 比例因子<1>/角点（C）/XYZ:（X 方向比例因子）
Y 比例因子<缺省＝X>:（Y 方向比例因子）
旋转角度<0>:（插入图形旋转角度）
——确定缩放和旋转角度，则完成图块的插入。

6. 建立文字样式（STYLE），运用动态文字（DTEXT）命令，进行注释。

1）从命令行输入命令（或从菜单：绘图→文字→单行文字）：DT 回车；

2）命令行提示：

对正（J）/字样（S）/＜起点＞：（在图中指定文字的起点）；

高度＜默认值＞：输入文字高度或选默认值；

旋转角度＜默认值＞：输入旋转角度或选默认值。

3）输入文字，可用光标任意确定输入文字的位置。

4）全部书写完毕后，连续回车两次，结束该命令。

7. 练习块的属性定义（Attdef、Ddattdef）。

1）先画好要创建块的图形，如：电阻—[RI]—；

2）点击菜单：绘图→块→定义属性，或从命令行输入命令（Attdef、Ddattdef），弹出"属性定义"对话框；

3）在"模式"栏选验证；"属性"栏输入标记"RI"；"提示"栏输入以后使用时，在命令行中要提示做什么的内容（如：输入电阻代号）；

4）"插入点"选属性在块中的插入点，点击"拾取点"，在块的图形中直接确定属性的位置（选矩形左边的中点向左1）；

5）"文字选项"栏，确定属性文本的对齐方式（选右下对齐）、文字样式、高度(3.5)和旋转角度；

6）点击"确定"按钮，即可在电阻上显示属性标记"RI"；

7）将带有属性的电阻符号定义成块，完成属性定义。（见右上图所示）

8. 保存块命令（Wblock）。

1）在命令行输入：W 回车，弹出"写块"对话框；

2）在该"源"栏中确定要保存的块，在"目标"栏输入图形文件的名称、位置和插入单位。文件名与块名可以相同，便于记忆；

3）点击"确定"按钮，即可将块存盘。

9. 完成全图后，赋名存盘，退出 Auto CAD。

例图 1

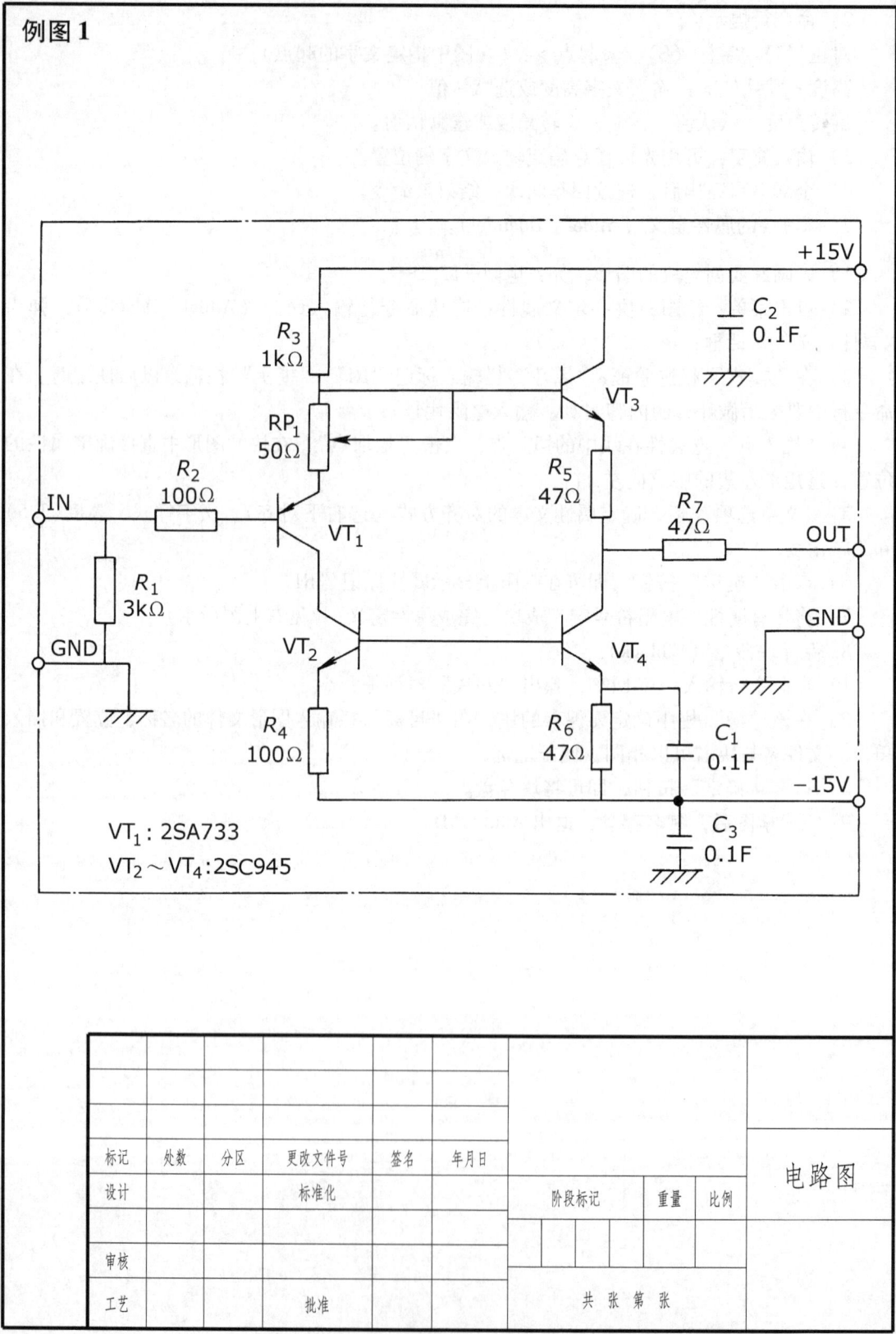

例图 2

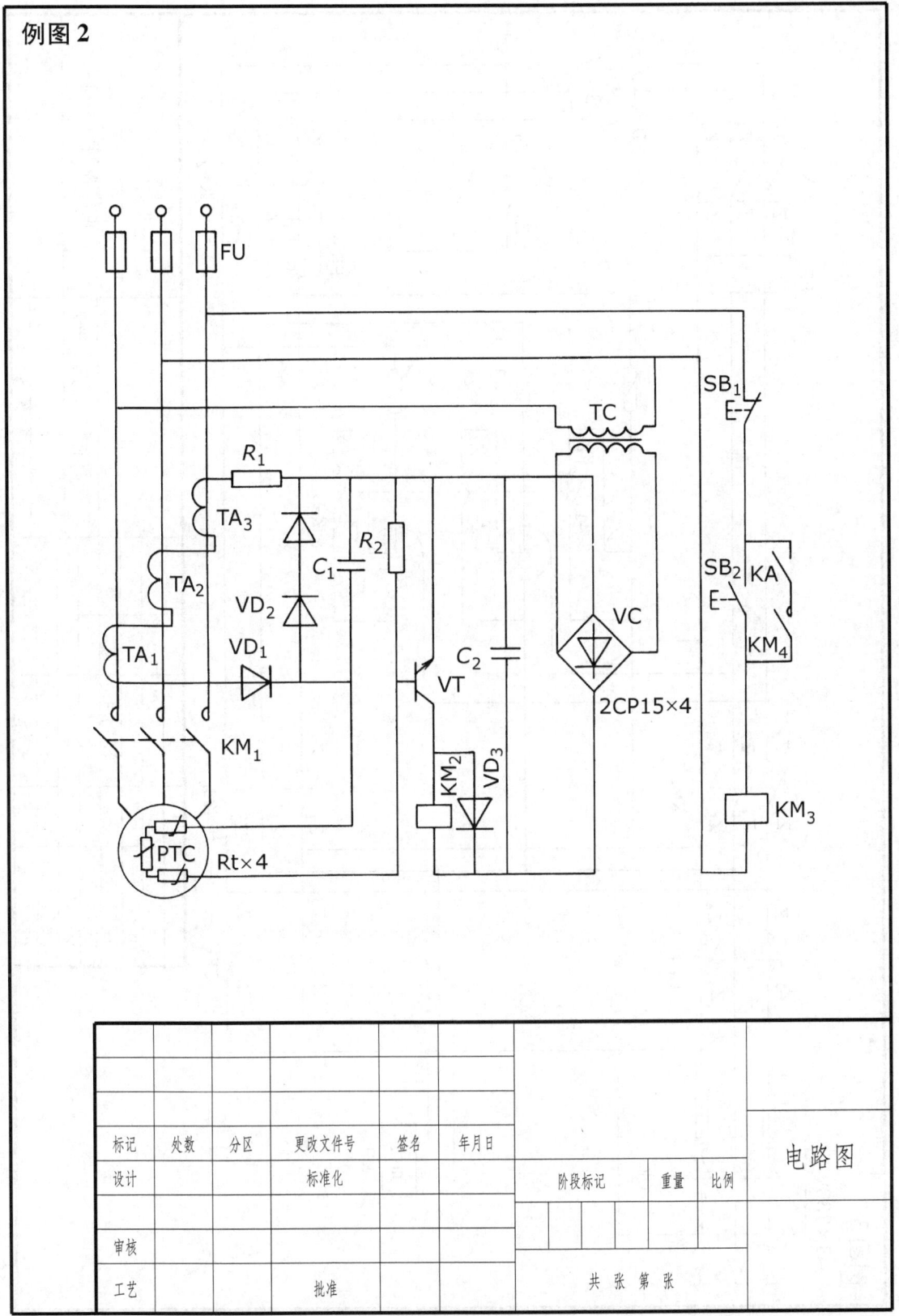

电路图

例图 3

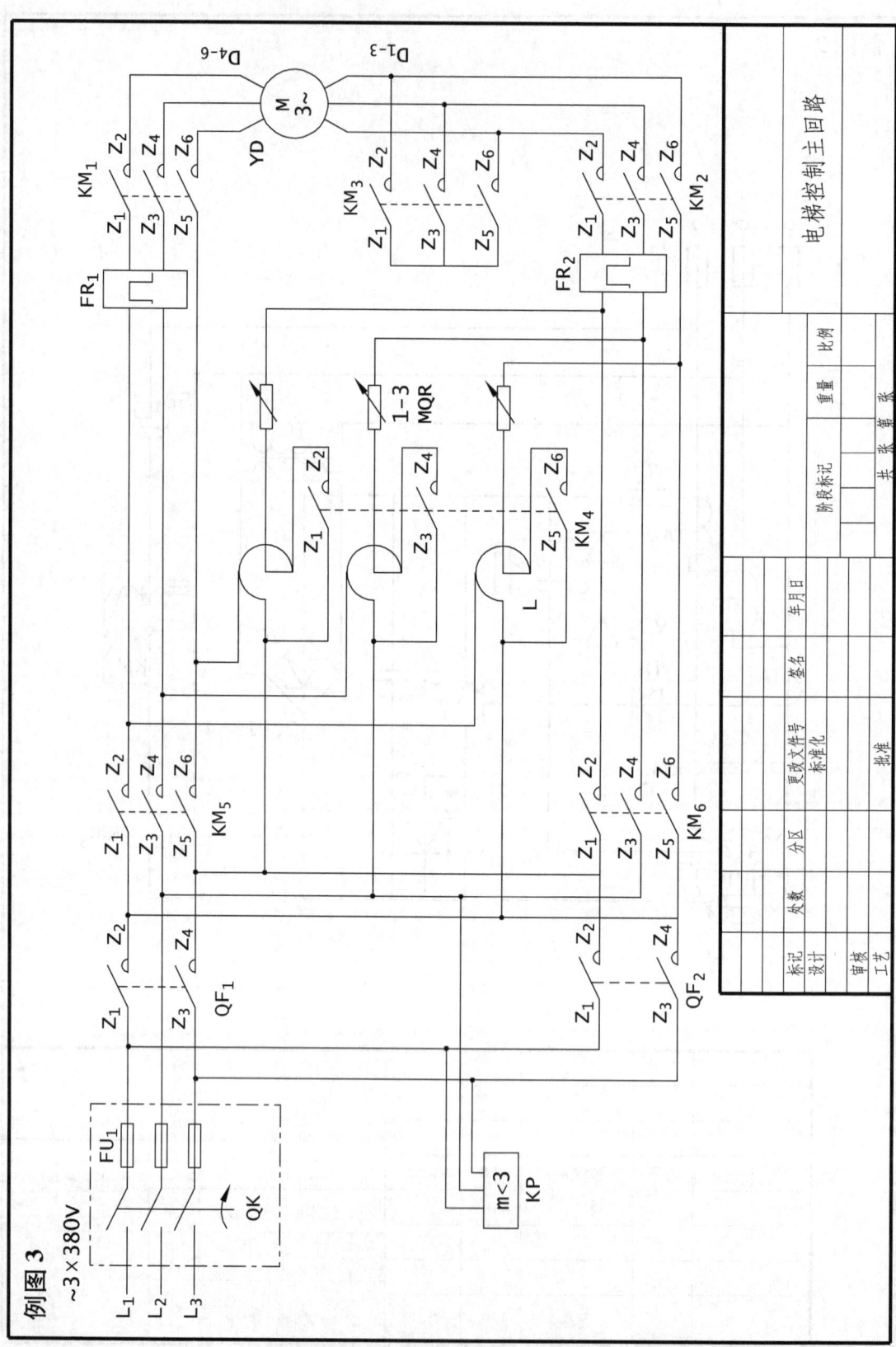

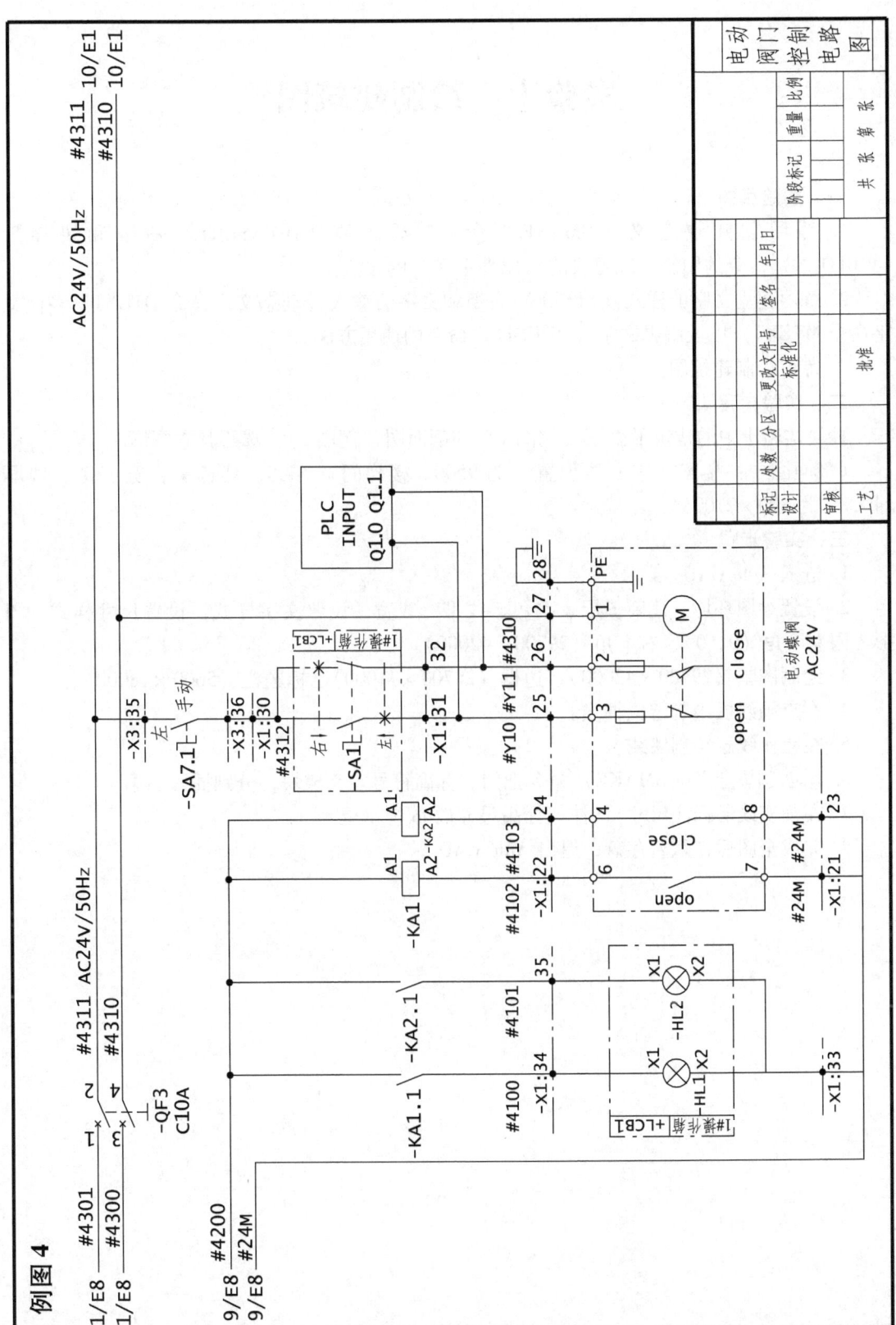

实验十　绘制建筑图

一、实验目的
1. 练习创建块定义（BMAKE）命令、插入块（DDINSERT）命令和块存盘（WBLOCK）命令的用法，练习块的"属性定义"的方法。
2. 练习建立文字的样式（STYLE）命令和文字的输入（动态文字命令 DTEXT、多行文字命令 MTEXT）以及编辑文字（DDEDIT）命令的使用方法。
3. 练习绘制建筑图。

二、实验内容
抄绘实验十中的建筑平面图（例图1）和剖面图（例图2），选绘其它图形。
（剖面图中：楼宽（中心线位置）为9500，楼梯间宽5400，楼梯平台宽1200，墙厚240，门为800×2100）。

三、实验步骤
1. 进入 Auto CAD。
2. 设置绘图环境。建新图层、颜色、线型、线宽，设置文字样式，设置尺寸样式。图形界限左下角（0，0），右上角（29700，42000）。
3. 绘制图幅（29700×42000）、边框（28700×41000）、标题栏（5600×18000）。
4. 在点画线层绘制定位轴线。
5. 在粗实线层绘制墙线。
6. 用创建块定义（BMAKE）命令把门、标高符号定义成块，分别插入图中。
7. 在细实线层标注尺寸。（注：标高尺寸以 m 为单位）。
8. 完成全图后，赋名存盘，退出 Auto CAD。

例图1

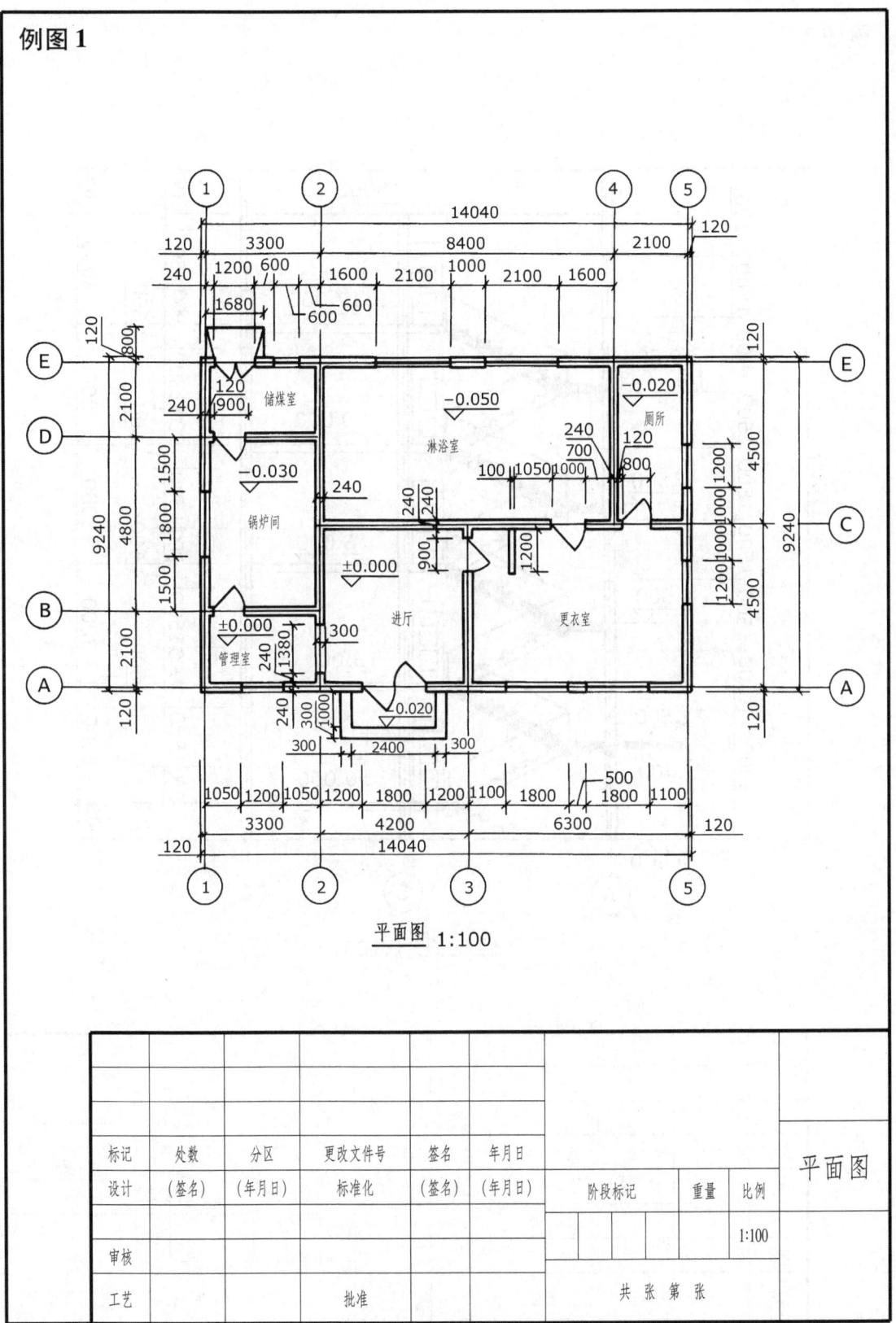

平面图 1:100

例图 2

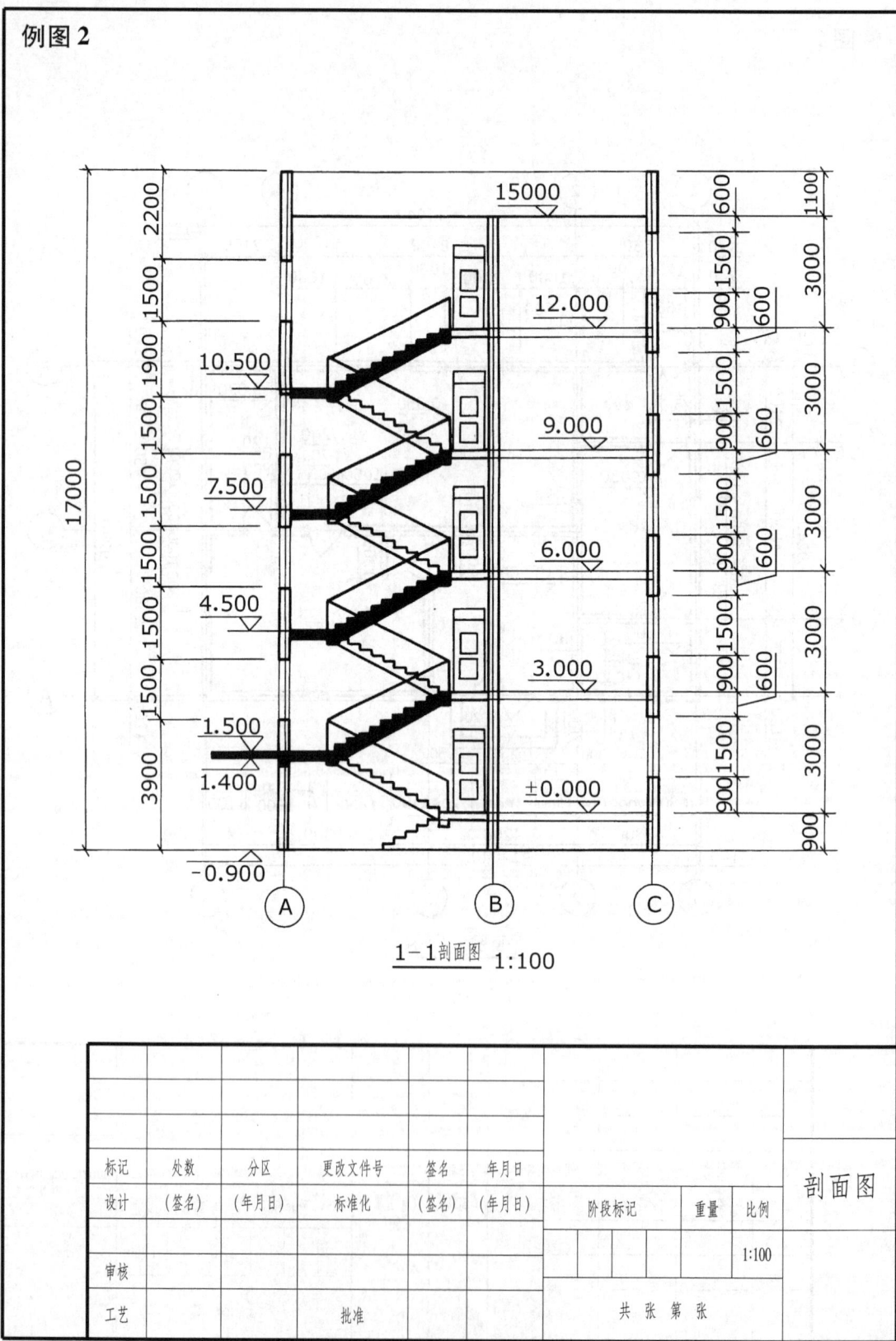

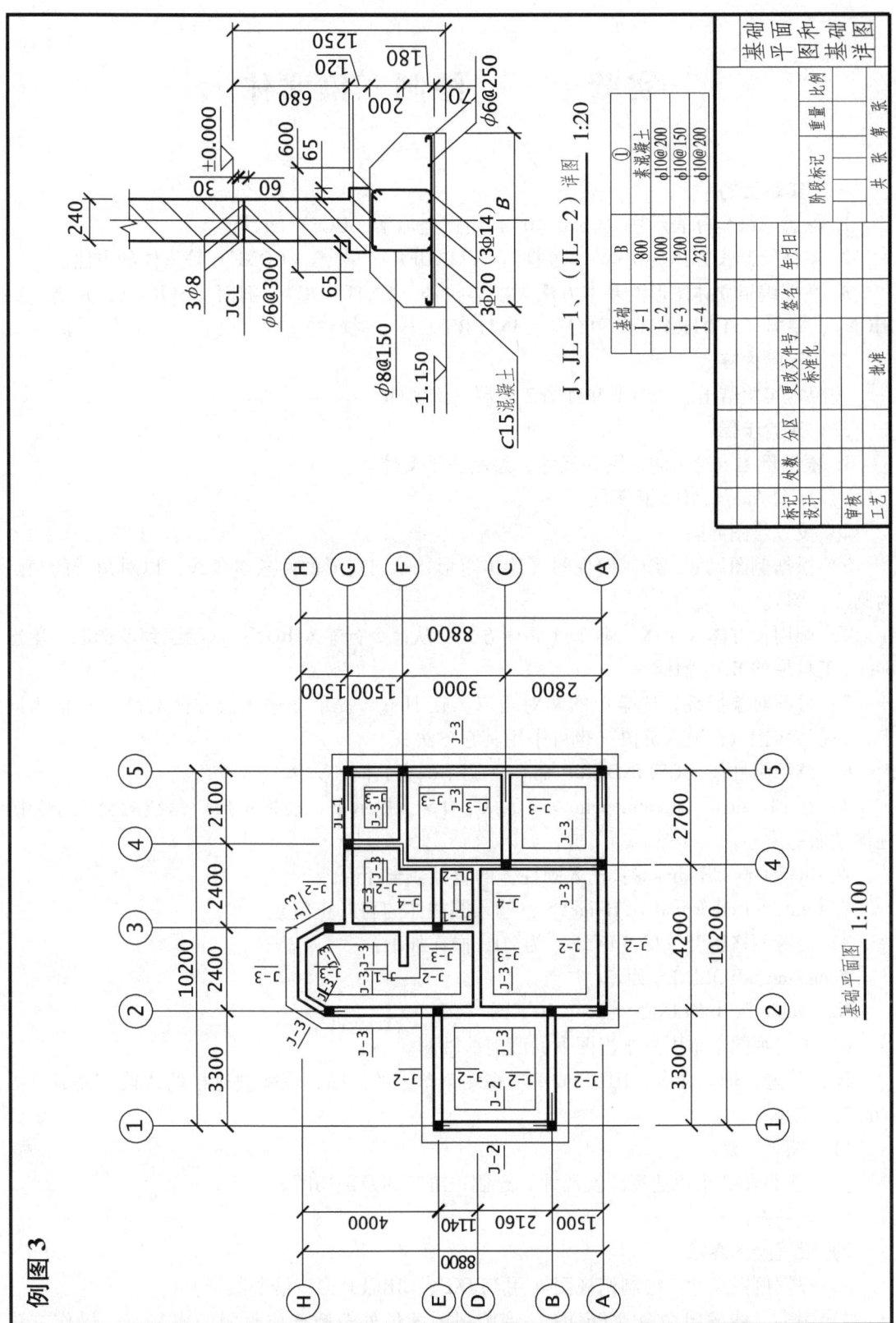

例图3

实验十一　绘制三维实体

一、实验目的
1. 熟悉三维坐标表示法（0，0，0），用户坐标系（UCS）的设置。
2. 掌握绘制长方体（BOX）、圆柱（CYLINDER）、圆锥（CONE）等形体的方法。
3. 掌握编辑立体图形的基本方法（实体拉伸（EXTRUDE）、剖面（SLICE）、并集（UNION）、差集（SUBTRACT）和交集（INTERSECT）等操作）。

二、实验内容
按照本实验给出的例图1和例图2绘制三维实体。

三、实验步骤
1. 根据例图1给出的视图和尺寸，绘制三维实体。
1）启动 Auto CAD，建新图。
2）设置绘图界限。
3）根据例图尺寸，绘制俯视图（绘出矩形，绘出矩形的两条对角线，以对角线的交点为圆心画圆）。
4）调用长方体（BOX）命令（调用方式：从命令行输入 BOX；从绘图菜单选取；单击 Solids 工具栏的 BOX 图标）。
5）打开对象捕捉，选矩形的两对角点，在 Height 提示下输入长方体的高（正值为向上，负值为向下），输入负值（也可采用其它方法）。
6）调用圆柱体（CYLINDER）命令（调用的方式同长方体）。
7）在 Elliptical/＜Center point＞＜0，0，0＞：提示下，捕捉矩形对角线的交点作为圆柱体端面的中心。
在 Diameter/＜Radius＞：输入圆柱体的直径或半径。
在 Center of other end/＜Height＞：输入圆柱体的高（正值）。
8）设置网格密度（ISOLINES）为20，操作如下：
Command：ISOLINES 回车
New value for ISOLINES ＜4＞：20 回车
9）单击视图菜单中三维视图下的西南等轴测。
10）消隐，输入命令：HIDE 或单击视图菜单中的消隐，消除被遮挡的线段，完成例图1的三维实体。
11）赋名存盘。
2. 根据例图2给出的视图及尺寸，绘制三维实体及剖切图。
1）建新图。
2）设置绘图界限。
3）根据例图尺寸，绘制俯视图（用 PLINE、CIRCLE 命令绘制图形）。
4）用多义线编辑命令（PEDIT）将俯视图的最外轮廓连成封闭的多义线，操作方法如下：

在 Command：提示符下输入 PEDIT 或 PE 回车。

在 Select polyline：提示符下，用户可拾取一条多义线、直线或圆弧。

在 Close/Join/Width/Edit vertex/Fit/Spline/Decurve/Ltype gen/Undo/exit < X >：提示符下选连接多义线（J），回车。

在 Select objects：提示符下，选取多个符合条件的多义线进行连接。这些实体应是首尾相连的。回车。

（注：可以拉伸成三维实体的二维图形包括：闭合多义线（PLINE）、多边形（POLY-GON）、3D 多义线（3DPLOY）、圆（CIRCLE）和椭圆（ELLIPSE））。

5）调用拉伸命令（EXTRUDE），单击绘图菜单中实体下的拉伸，出现如下提示：

Select objects：选取被拉伸的二维实体（封闭多义线、三个圆），回车。

Path/ < Height of Extrusion >：默认选项为指定高度拉伸。输入高度值。

（Path 选项为指定路径拉伸）。

Extrusion taper angle < 0 >：提示用户输入拉伸实体的侧面与垂直方向的夹角（-90°~90°），0 则成为柱体。直接回车。

6）设置网格密度（ISOLINES）为 20。

7）单击视图菜单中三维实体下的西南等轴测。

8）求差运算（SUBTRACT）。

调用求差命令（SUBTRACT），单击修改菜单中实体编辑下的差集。

出现如下提示：

Select solids and regions to Subtract from…

Select objects：选取被减的实体（盘），回车或继续选。

Select solids and regions to Subtract …

Select objects：选取作为减数的实体（三个圆柱体），回车或继续选。

9）消隐。

10）切开实体（SLICE）。

调用命令（SLICE），单击绘图菜单中实体下的剖切。

出现如下提示：

Select objects：选择要被剖切的实体（盘），回车或继续选。

Select plane by Object/Zaxis/View/XY/YZ/ZX/ < 3 point >：默认选项通过三点确定剖切平面，捕捉第一点（第一个圆心）。

2nd point on plane：捕捉第二个圆心。

3nd point on plane：沿 Z 方向捕捉底面的一个圆心。

Both sides/ < point on desired side of plane >：确定切开实体的保留方式。选择保留两侧（B），输入"B"回车，完成剖切。

11）移开一个实体（MOVE）。

调用移动命令（MOVE），左键单击修改工具栏中的移动命令图标或在命令行输入"M"，回车。

出现如下提示：

Select objects：选择要移动的实体（盘的前半个或后半个实体）。

Base point or displacement：确定基点（所选实体目标从哪点开始移动。在要移动的半个盘上直接选取基点）。

Second point of displacement：确定终点（所选实体目标移动到哪个位置。直接在图中确定移动的终点）。

12）消隐。

13）赋名存盘，退出 Auto CAD。

例图 1

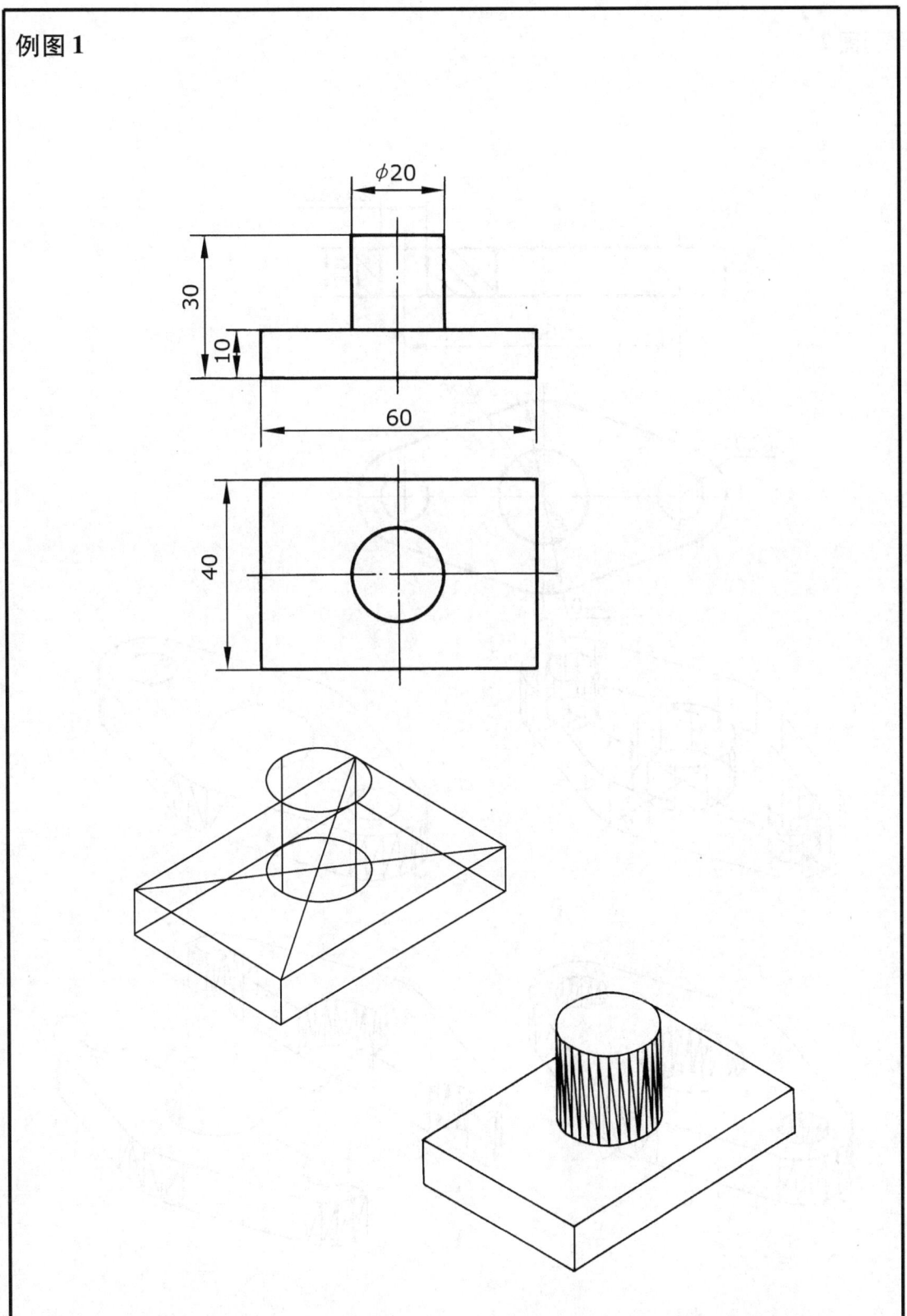

例图 2

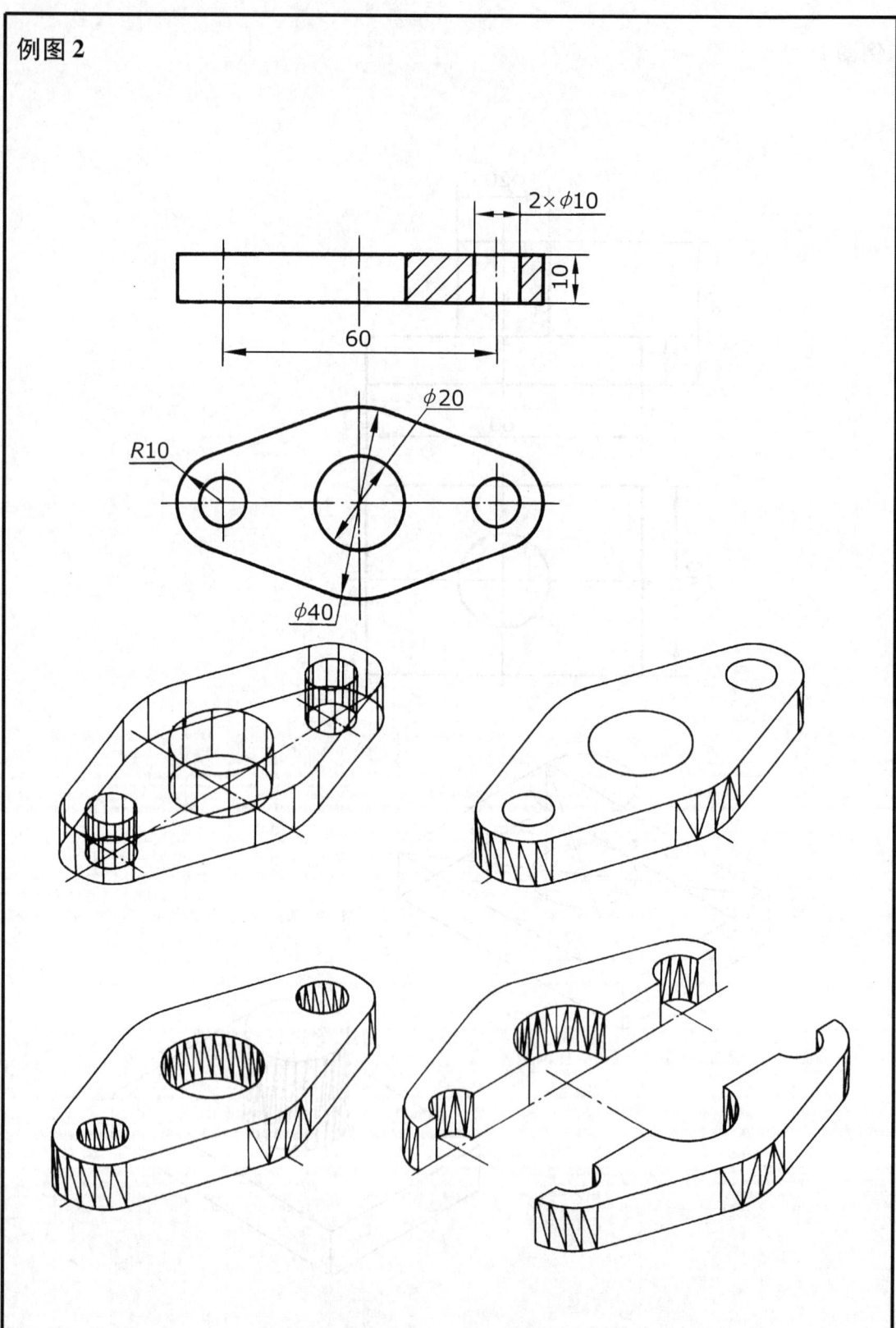

实验十二 综合练习

一、实验目的

通过本次练习，使学生能够掌握 Auto CAD 的基本绘图命令、编辑命令、尺寸标注和文字注释，绘制机械图样的基本设置（符合技术制图国家标准和机械工程 CAD 制图规则国家标准），以及精确绘图的各种方法和步骤。从而提高运用 Auto CAD 技术绘制机械图样的能力。

二、实验内容

照原样抄画本实验所示填料压盖零件图或端盖零件图（要求先画出图幅线、边框线、标题栏，图层、线型、线宽和颜色按照国家标准设置；文字样式的设置、尺寸样式的设置也必须按照国家标准规定；尺寸标注应符合机械制图国家标准的规定）。

例图1

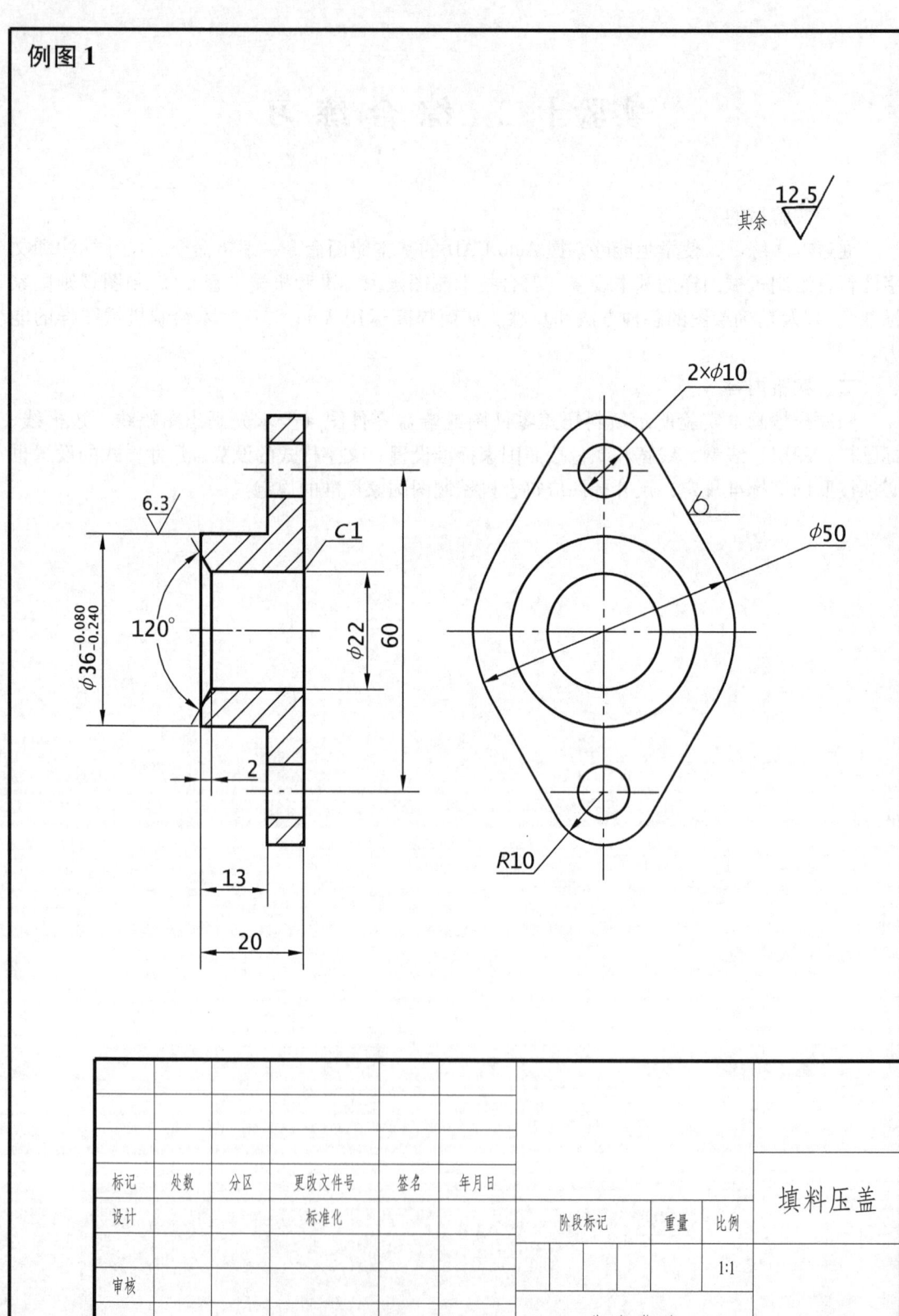

例图2

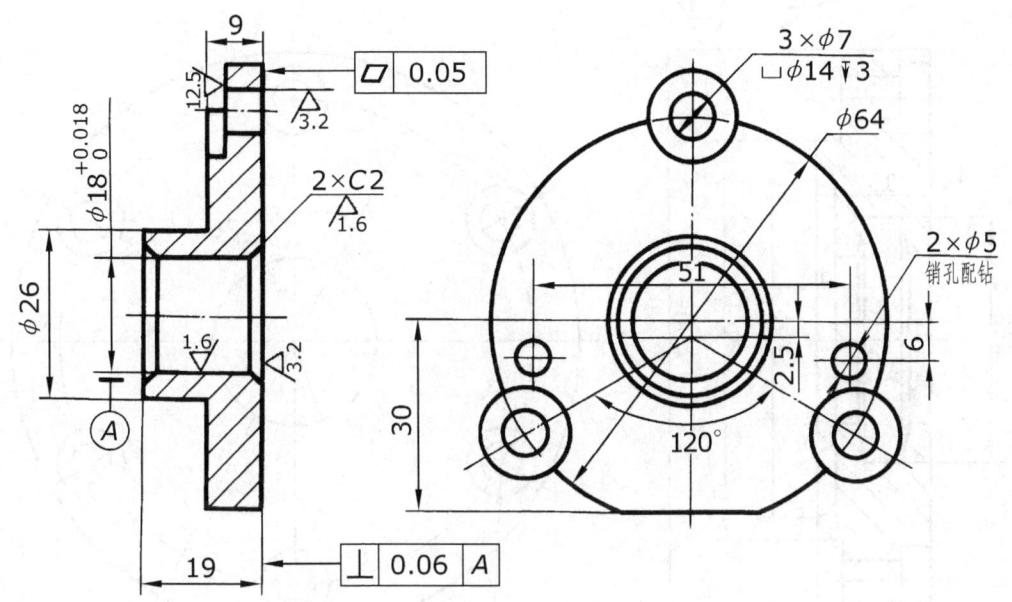

技术要求
1. 铸件不得有裂纹、缩孔等缺陷。
2. 去毛刺锐边。
3. 非加工表面涂漆。
4. 铸造圆角 R2～R3。

							HT150			端盖
标记	处数	分区	更改文件号	签名	年月日					
设计			标准化			阶段标记	重量	比例		
								1:1		
审核										
工艺			批准			共 张 第 张				

例图 3 其余

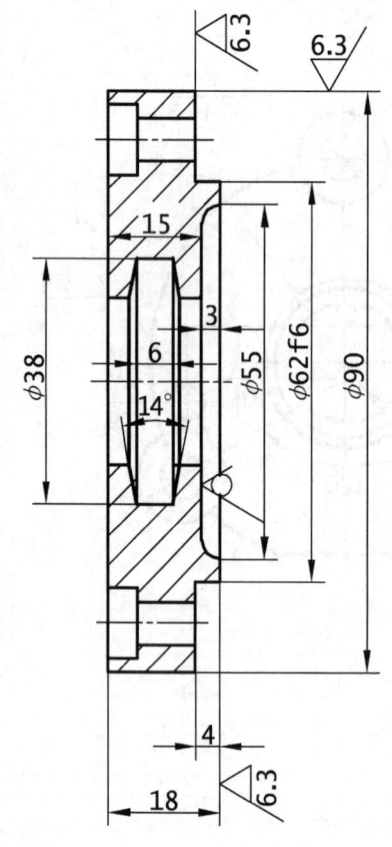

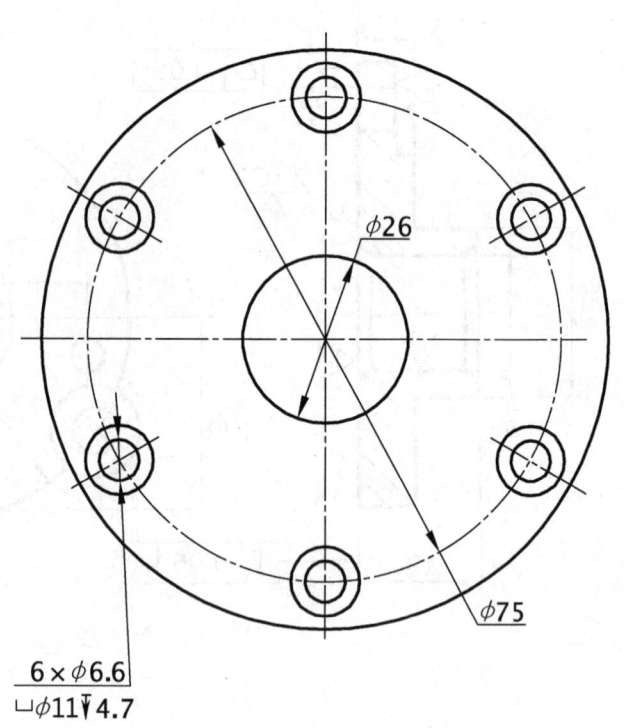

技术要求

铸造圆角 R3。

						HT200			端盖
标记	处数	分区	更改文件号	签名	年月日				
设计			标准化			阶段标记	重量	比例	
审核								1:1	
工艺			批准			共 张 第 张			

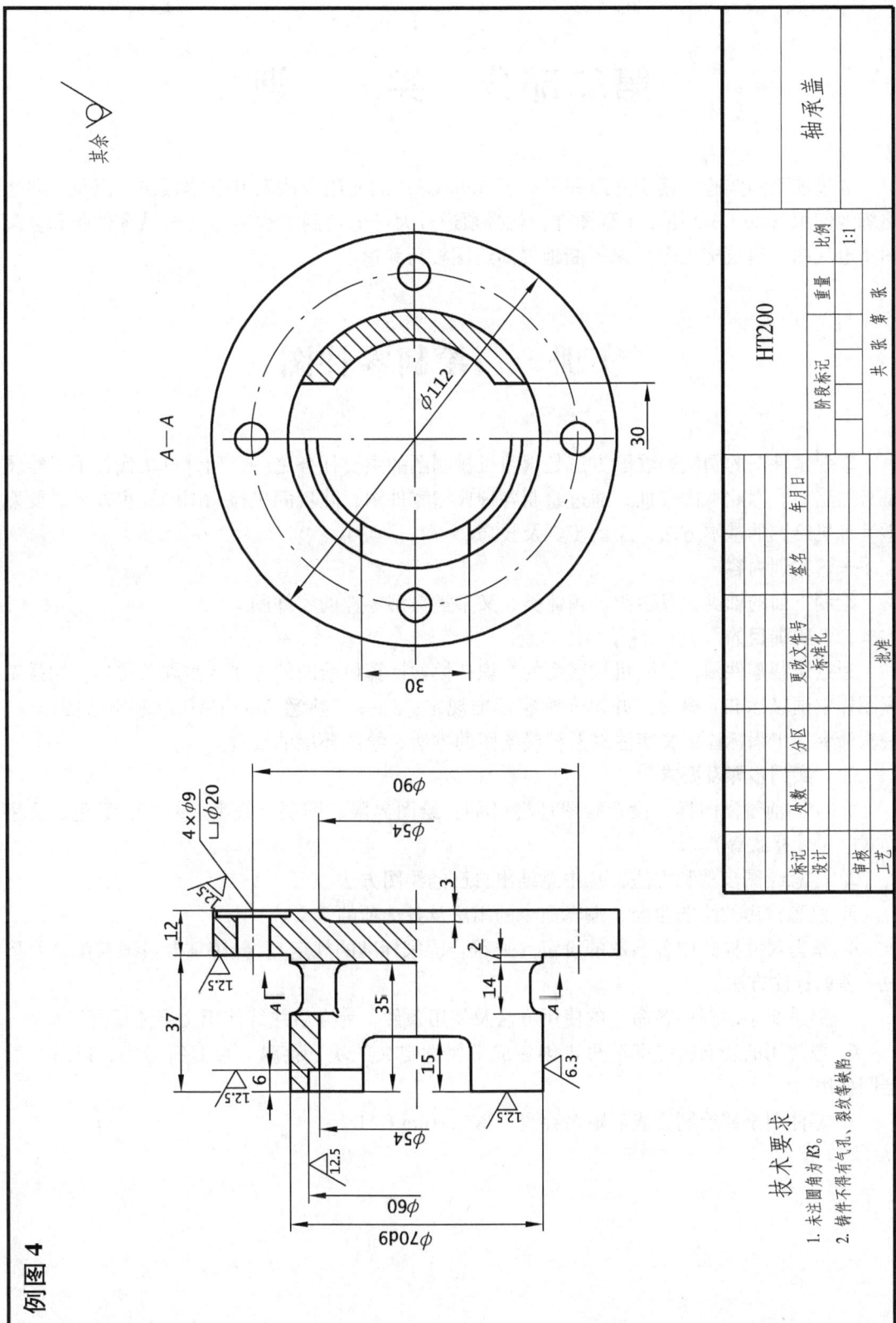

第二部分 实 训

通过前面的实验，逐步介绍和了解了 Auto CAD 的使用方法及其基本操作。但是，要想熟练地使用 Auto CAD 绘制工程图样，就必须通过大量地绘制工程图样（机械零件图和装配图、电气图、建筑施工图）来不断地提高绘图技巧和速度。

实训一 绘制零件图

掌握零件图的画法和看图方法是学习机械制图的主要任务之一，用计算机代替手工绘图是必然趋势。因此本次实训，通过绘制各种典型零件图，除巩固机械制图的知识外，还要熟悉计算机绘图的基本方法、绘图步骤及技巧。

一、实训内容

绘制下面的轴类、盘盖类、箱体类、叉架类典型零件的零件图。

二、实训目的

通过绘制零件图，巩固机械制图的知识；摸索计算机绘图的方法、步骤及技巧；加强工程图样中国家标准的概念，并遵守国家标准规定；进一步熟悉 Auto CAD 的基本绘图命令、编辑命令、工程标注、文字注释及精确绘图的方法、绘图环境的设置。

三、实训步骤及要求

1. 绘图前看懂图样，设置绘图环境（如：绘图界限、图层、线型、线宽、颜色、文字样式、尺寸样式等）。

2. 注意绘图步骤和方法，从中总结出自己的绘图方法。

3. 熟悉常用的绘图命令、编辑命令的用法及各选项的含义。

4. 掌握尺寸样式中各参数的设定（要符合国家标准的规定）；熟练掌握极限与配合及形位公差的标注方法。

5. 熟悉文字注释中各命令的使用方法及使用条件，为今后熟练使用文字注释打好基础。

6. 把常用的表面粗糙度符号等创建成带属性定义的块，存盘，设置符号库，以备今后绘图使用。

7. 零件图全部绘制完成后赋名存盘，退出 Auto CAD。

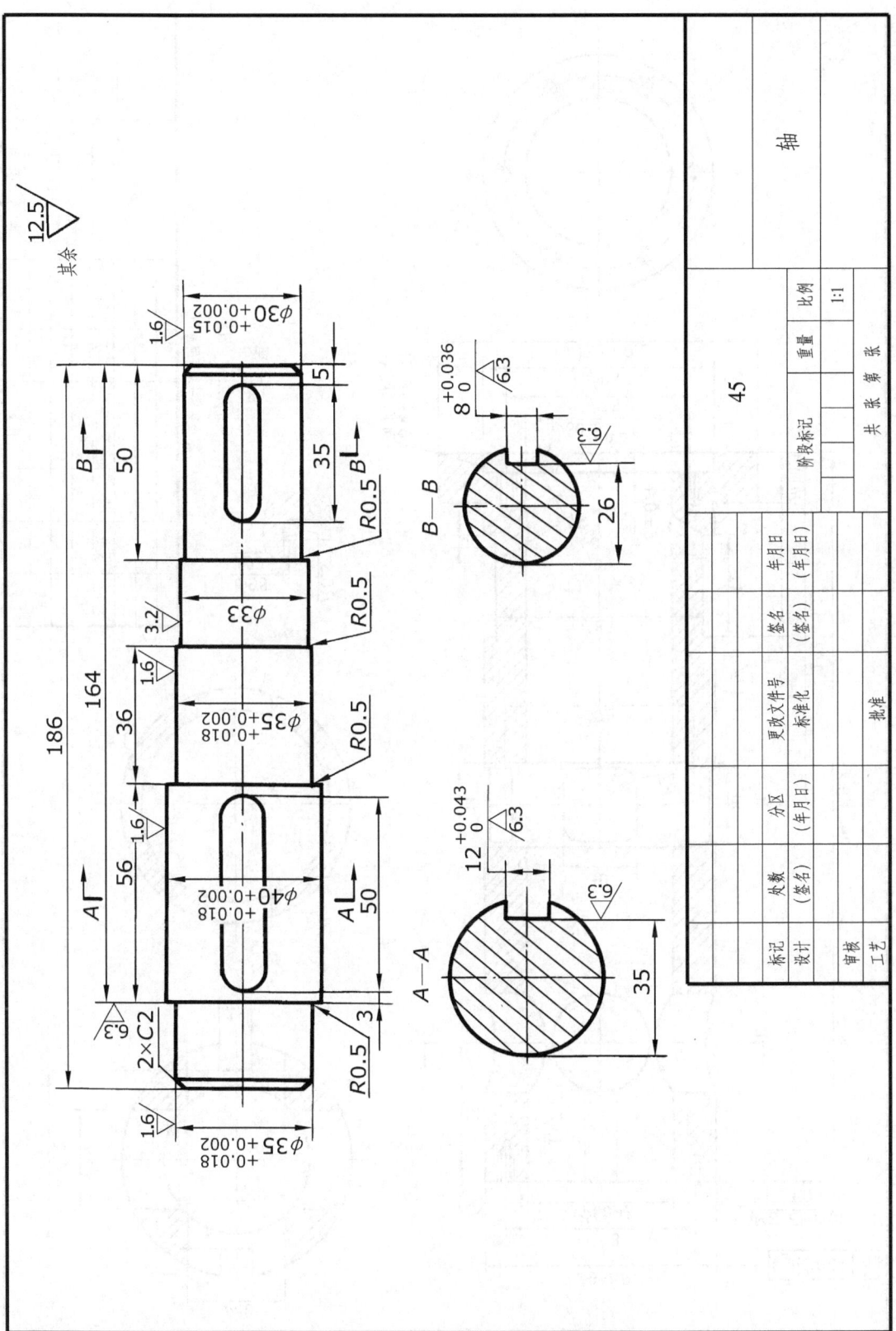

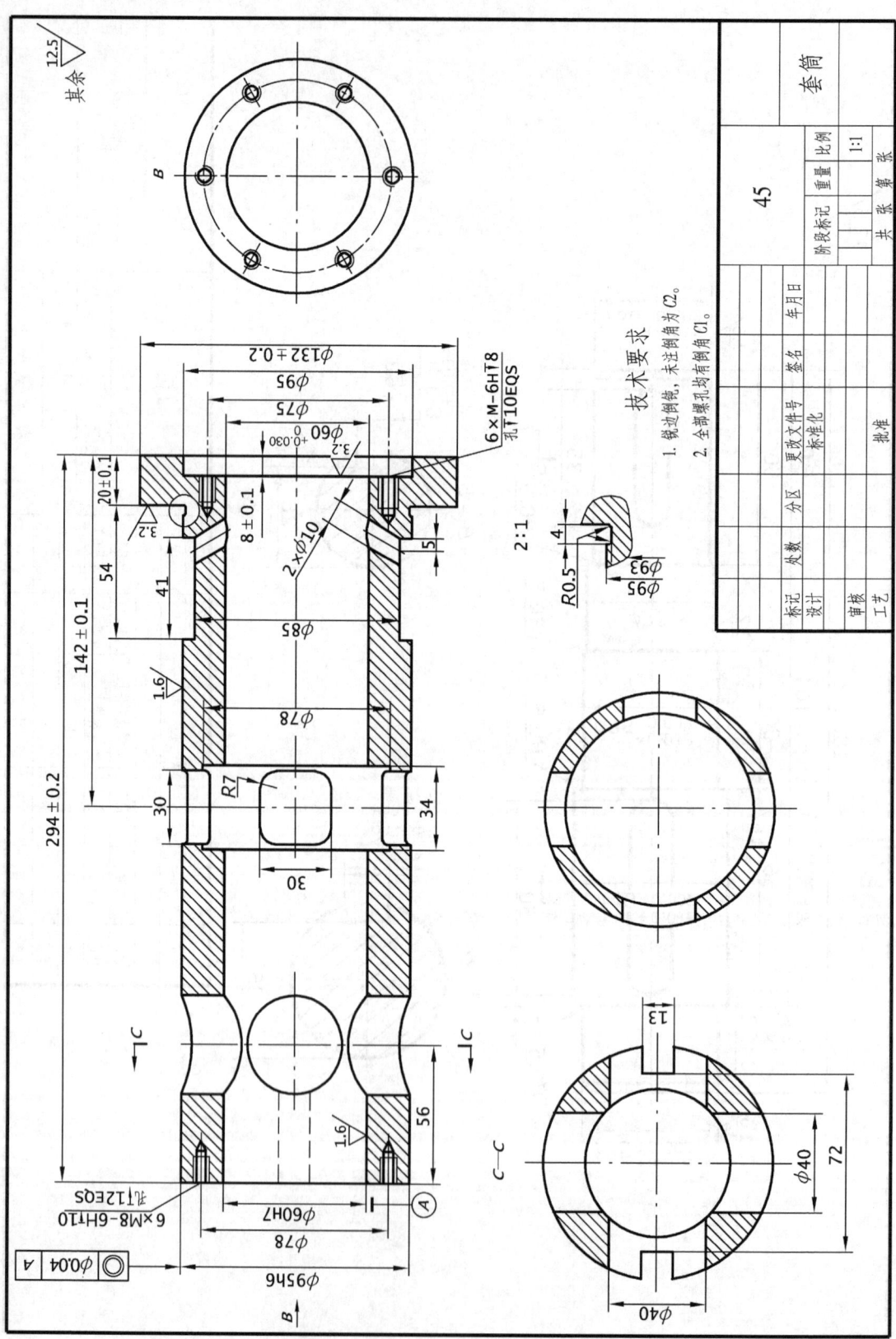

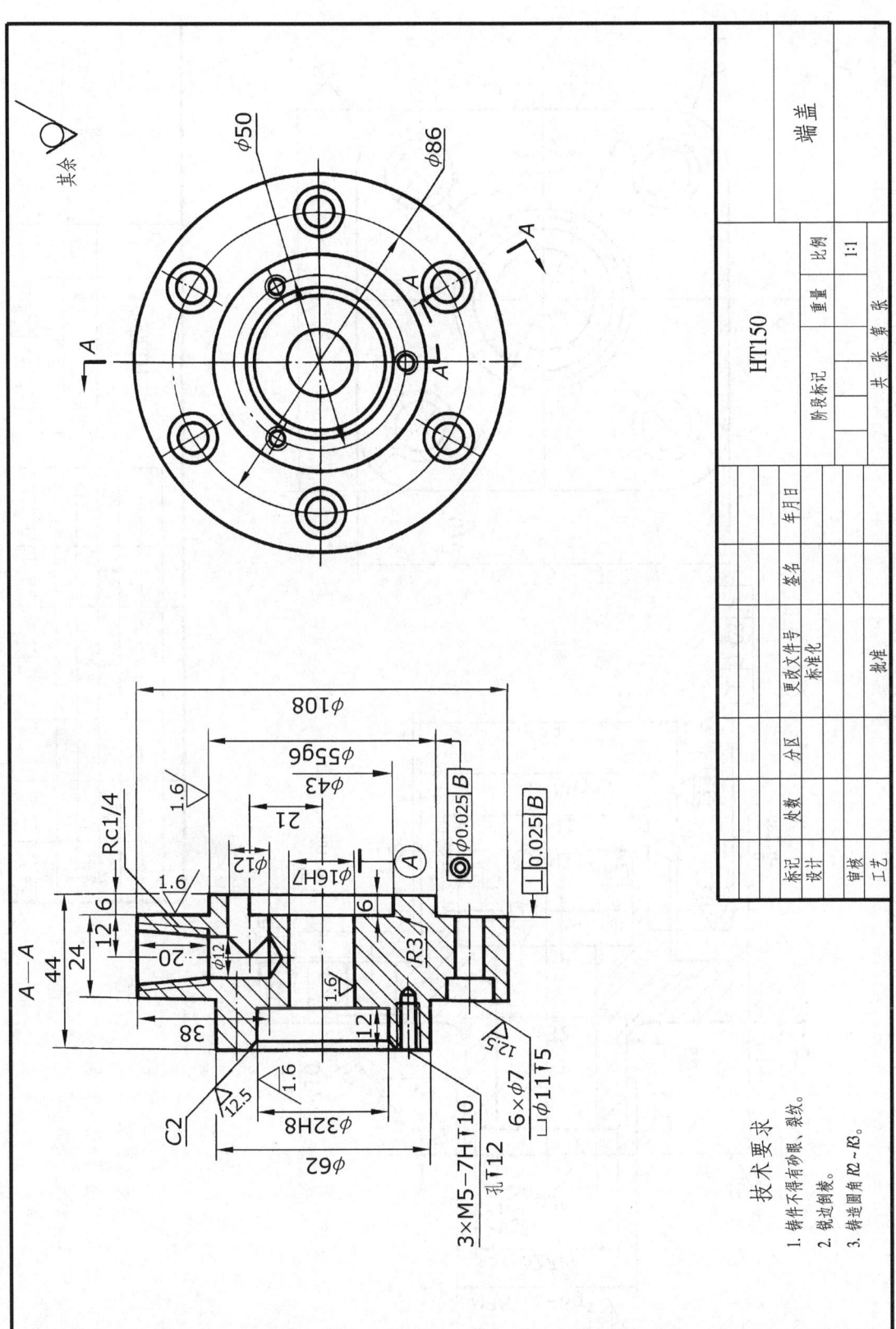

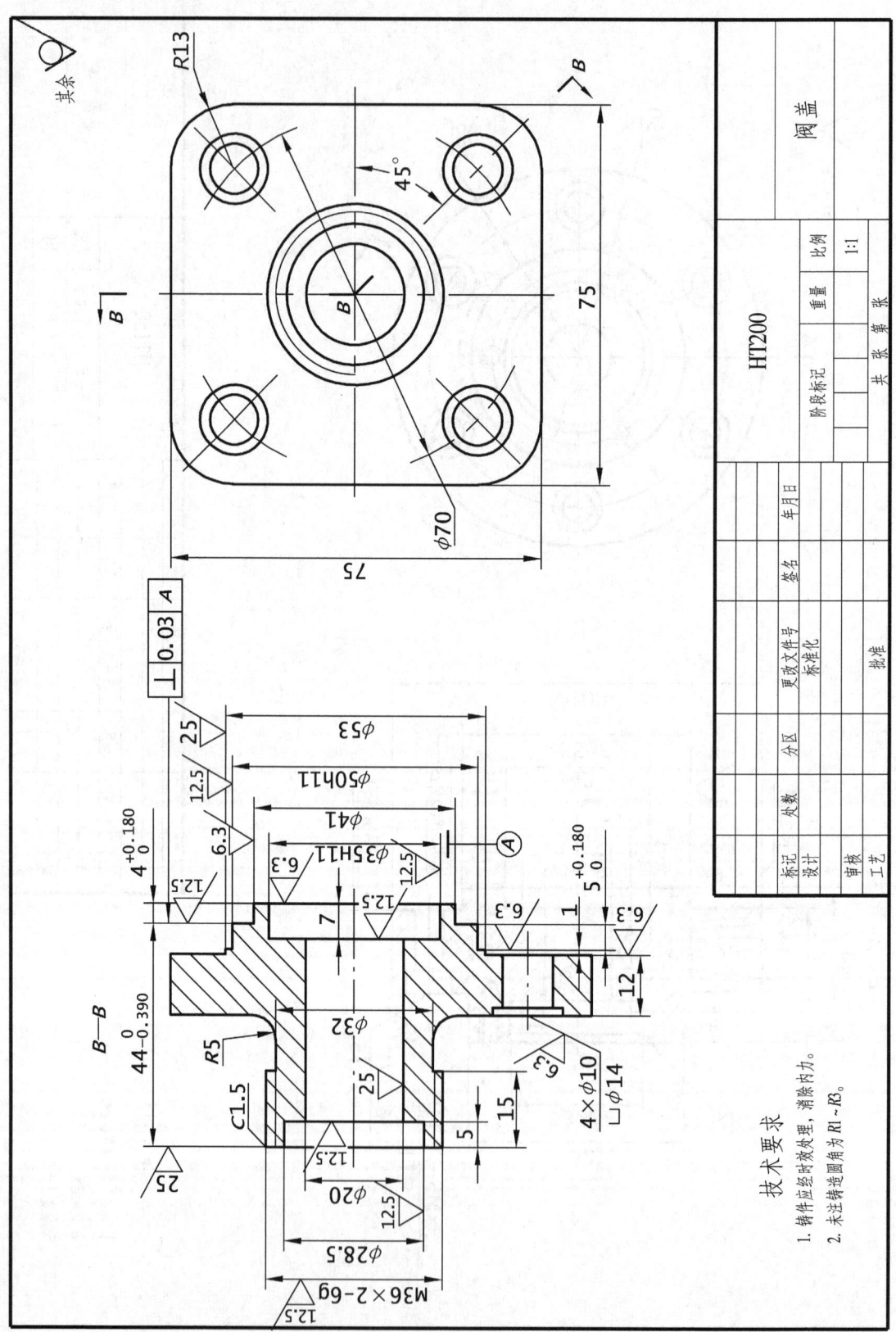

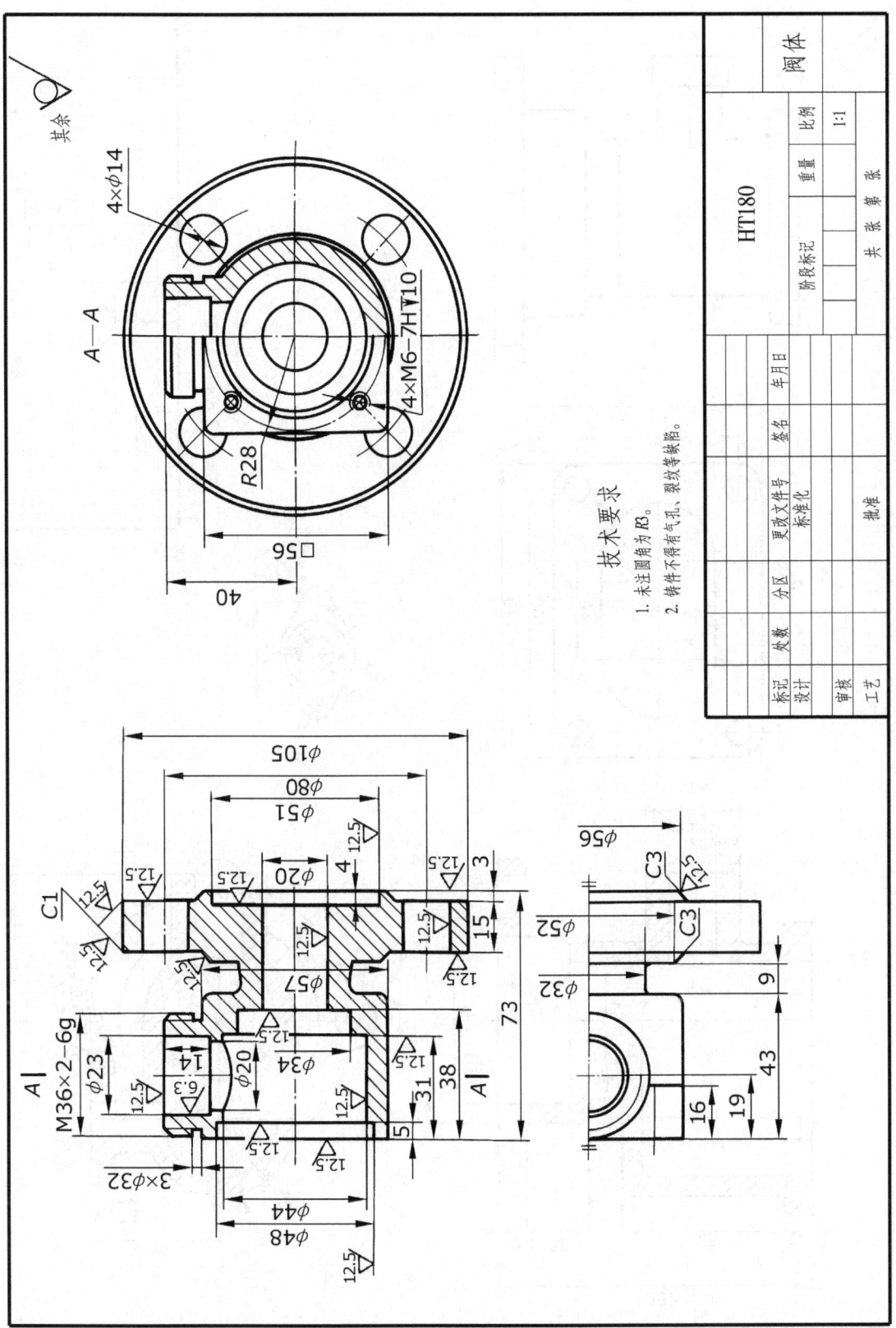

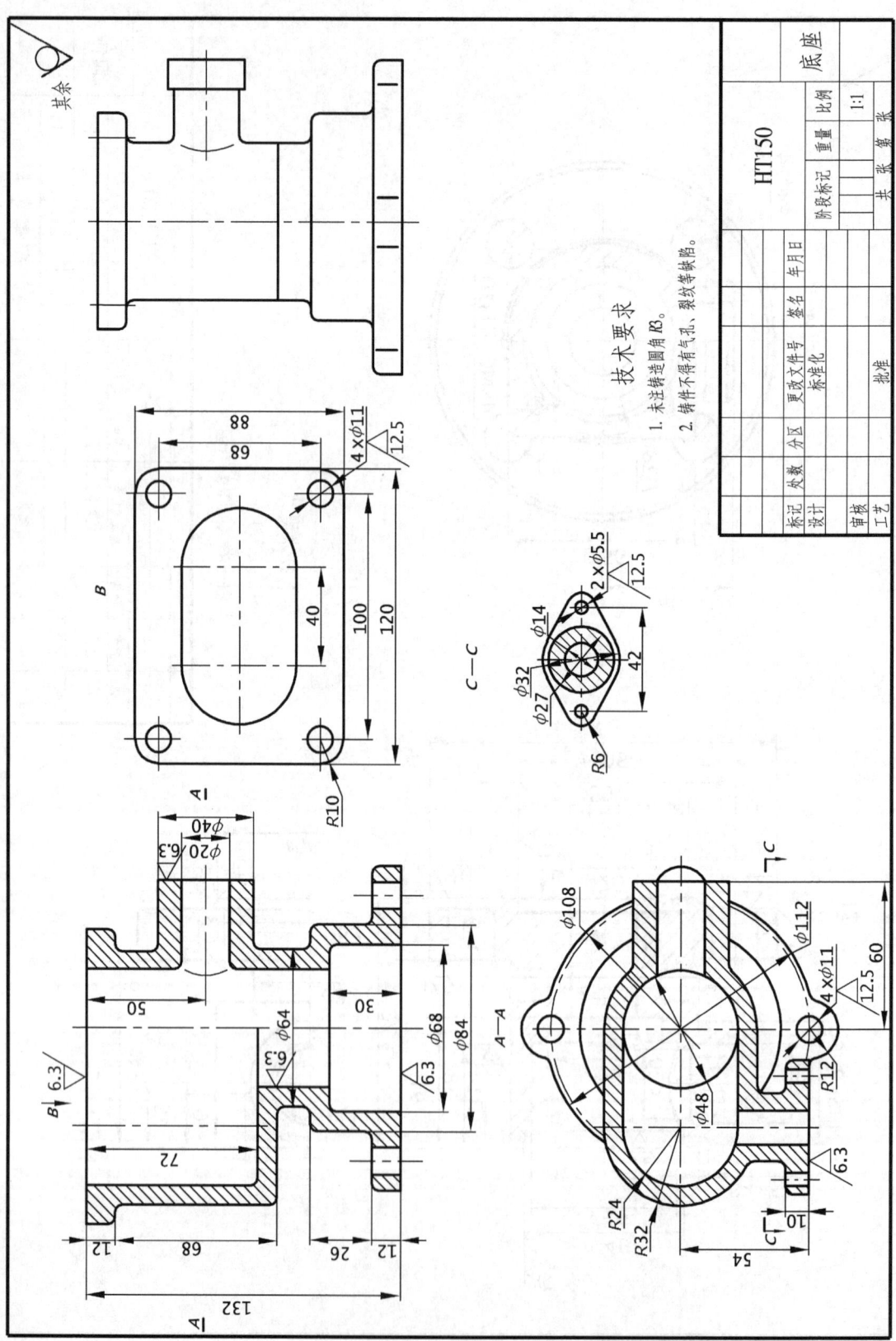

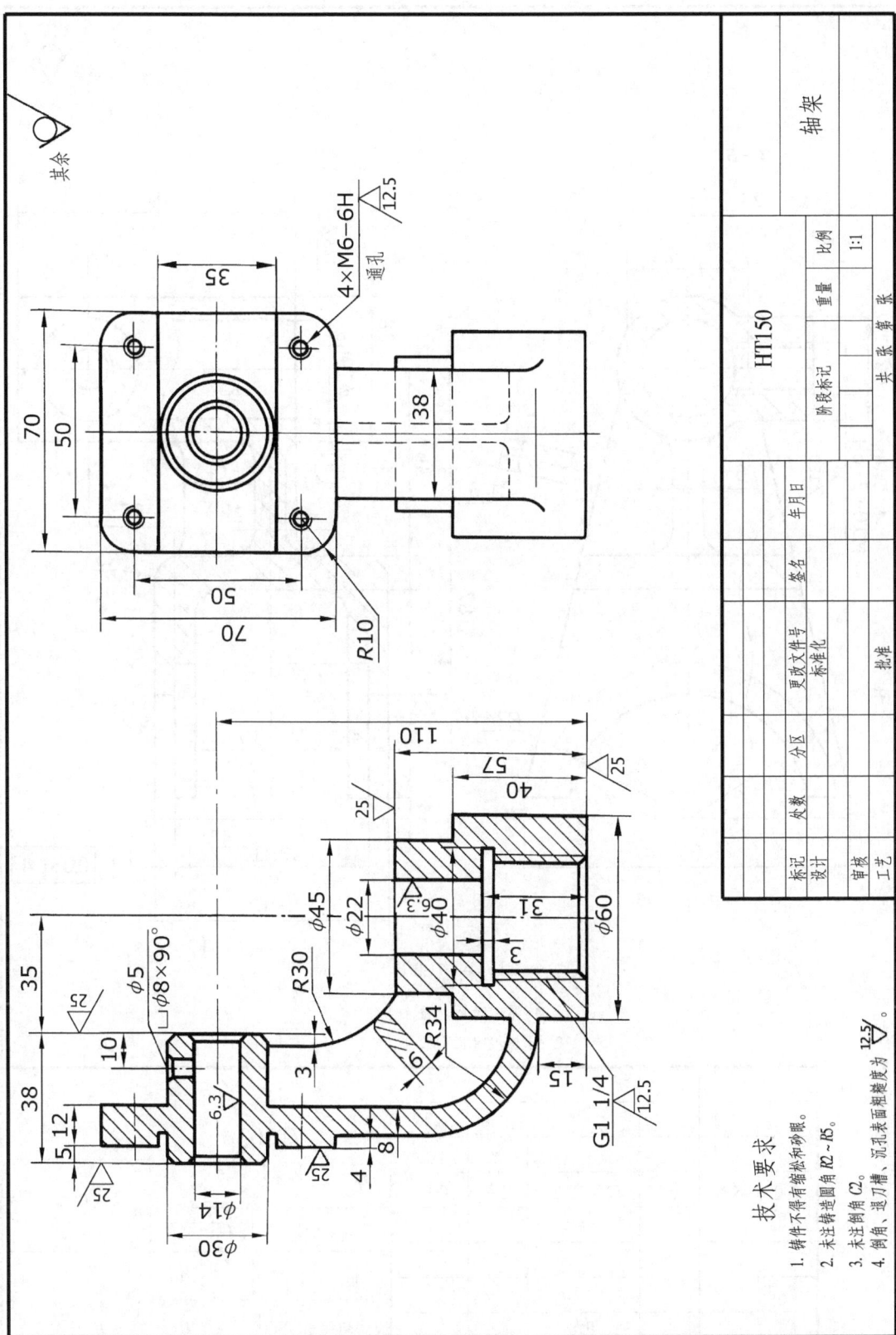

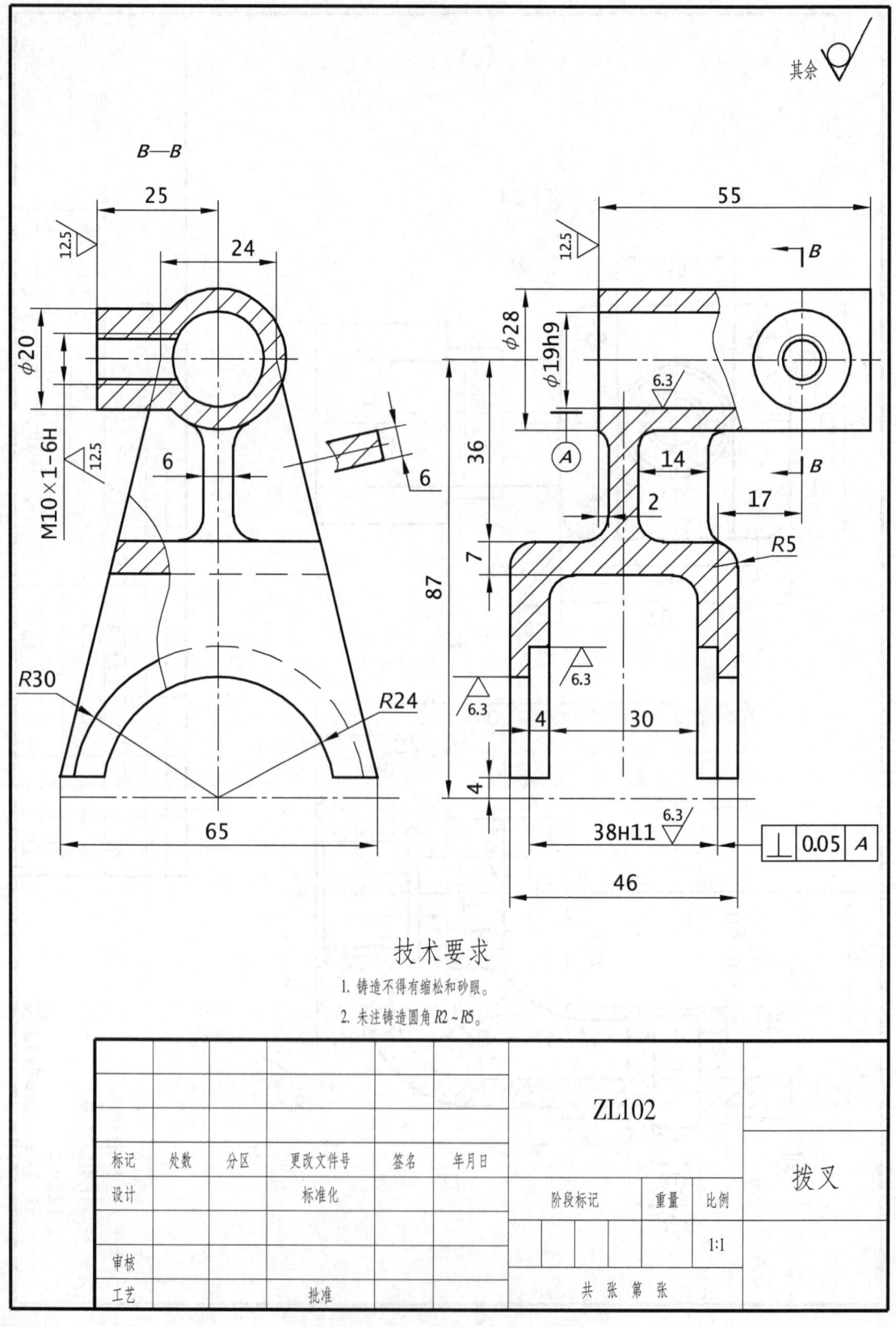

实训二 绘制电路图

一、实训内容
绘制控制电路图和触发电路图。选绘温度继电器电路图。

二、实训目的
1. 通过绘制电路图,掌握绘制电路图的规律、绘图方法和技巧。
2. 摸索制作符号库。利用块的功能(创建块、定义块的属性、块插入、块存盘),简化绘图过程。
3. 掌握文字样式的设置,文字注释的方法和文字注释使用命令的选择。

三、实训步骤及要求
1. 看懂图样,进入 Auto CAD,设置绘图环境。
2. 注意绘图方法和步骤,确立自己的绘图方法和步骤。
3. 注意块功能的使用,建立电路图使用的符号库。
4. 注意掌握文字注释的方法及各命令的不同点,恰当地选用。
5. 注意图形布局合理,排列均匀,图面清晰。
6. 先绘线框图,利用块插入的方法,依次绘制电器元件,最后注写元器件代号。
7. 绘制完成后,赋名存盘,退出 Auto CAD。

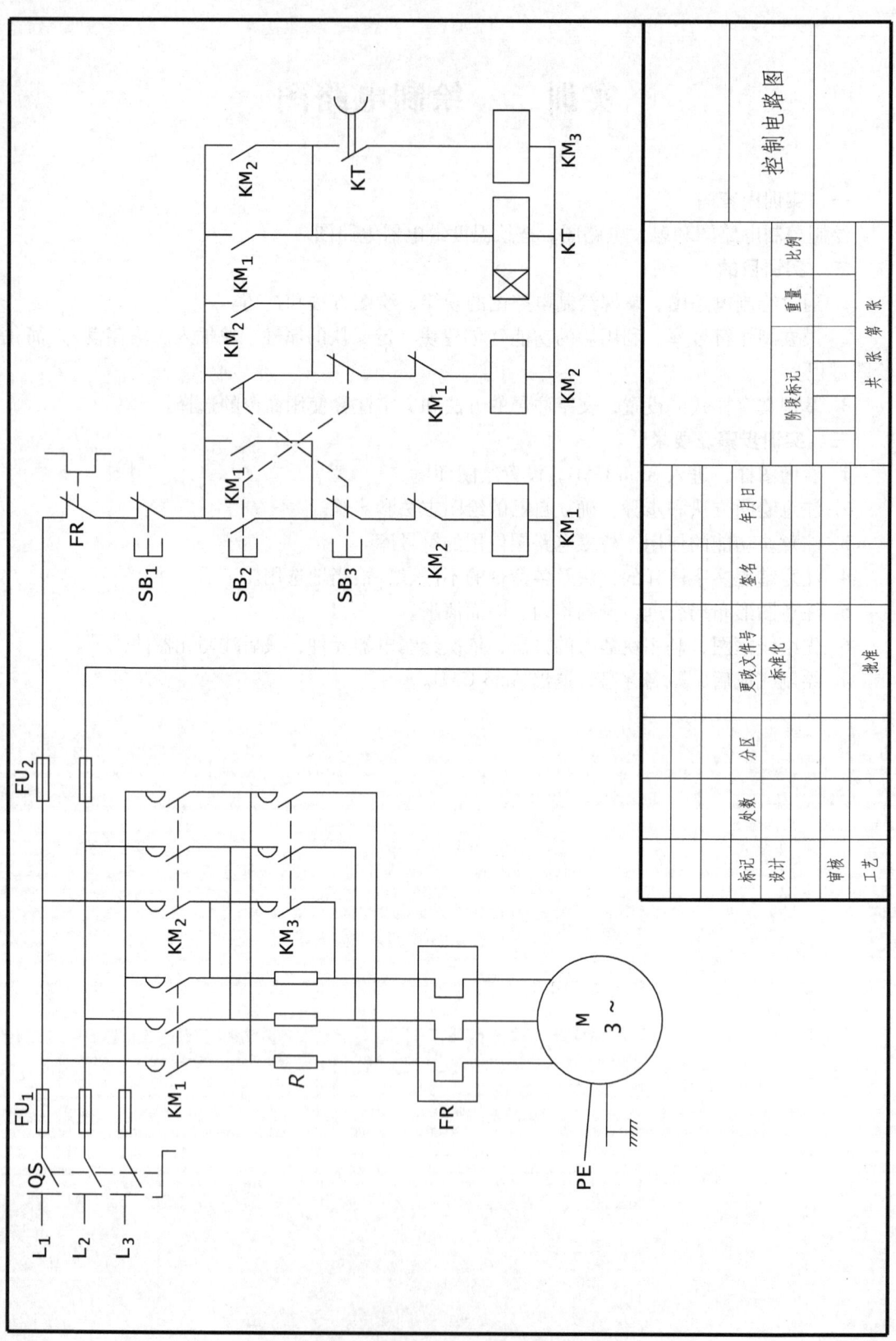

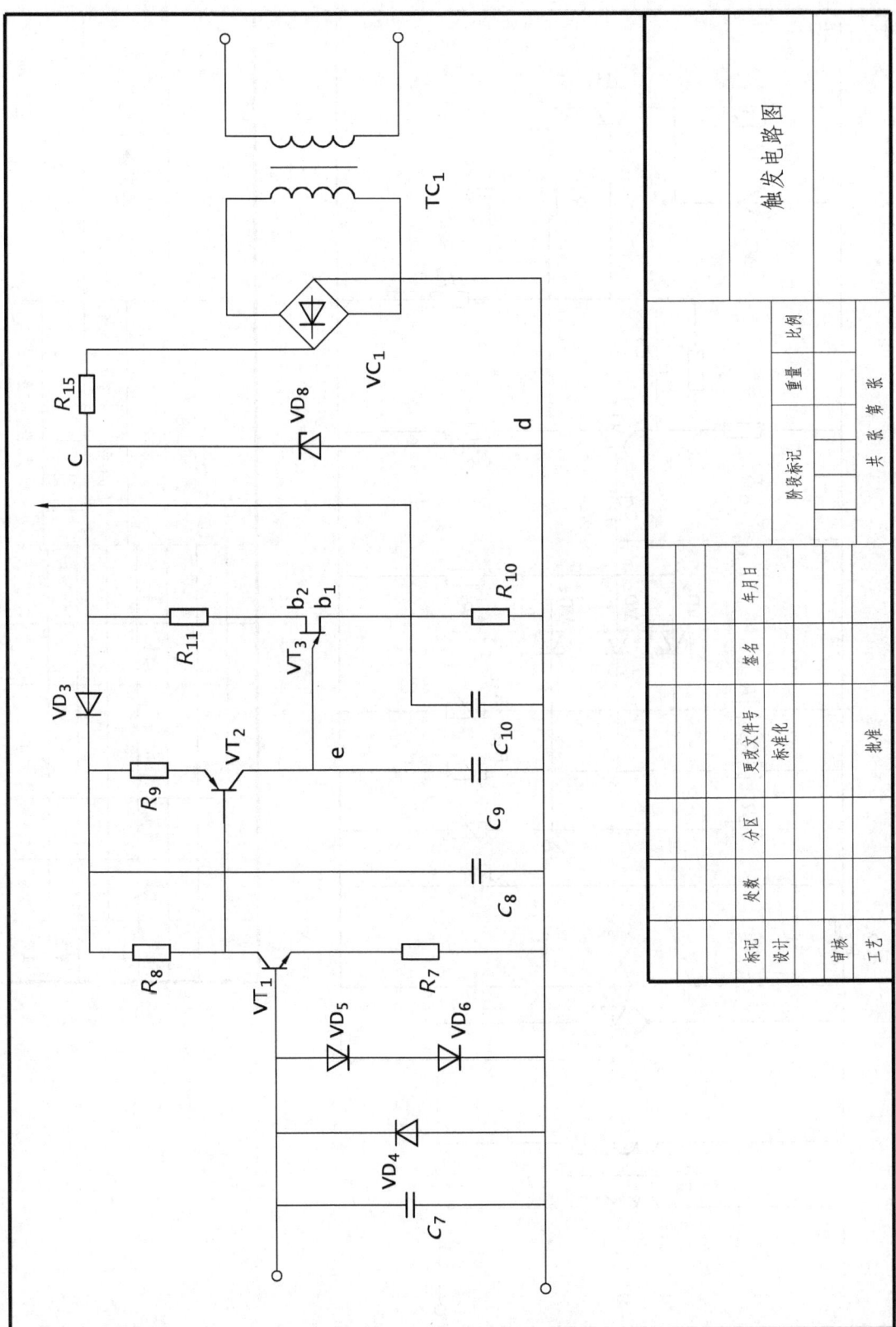

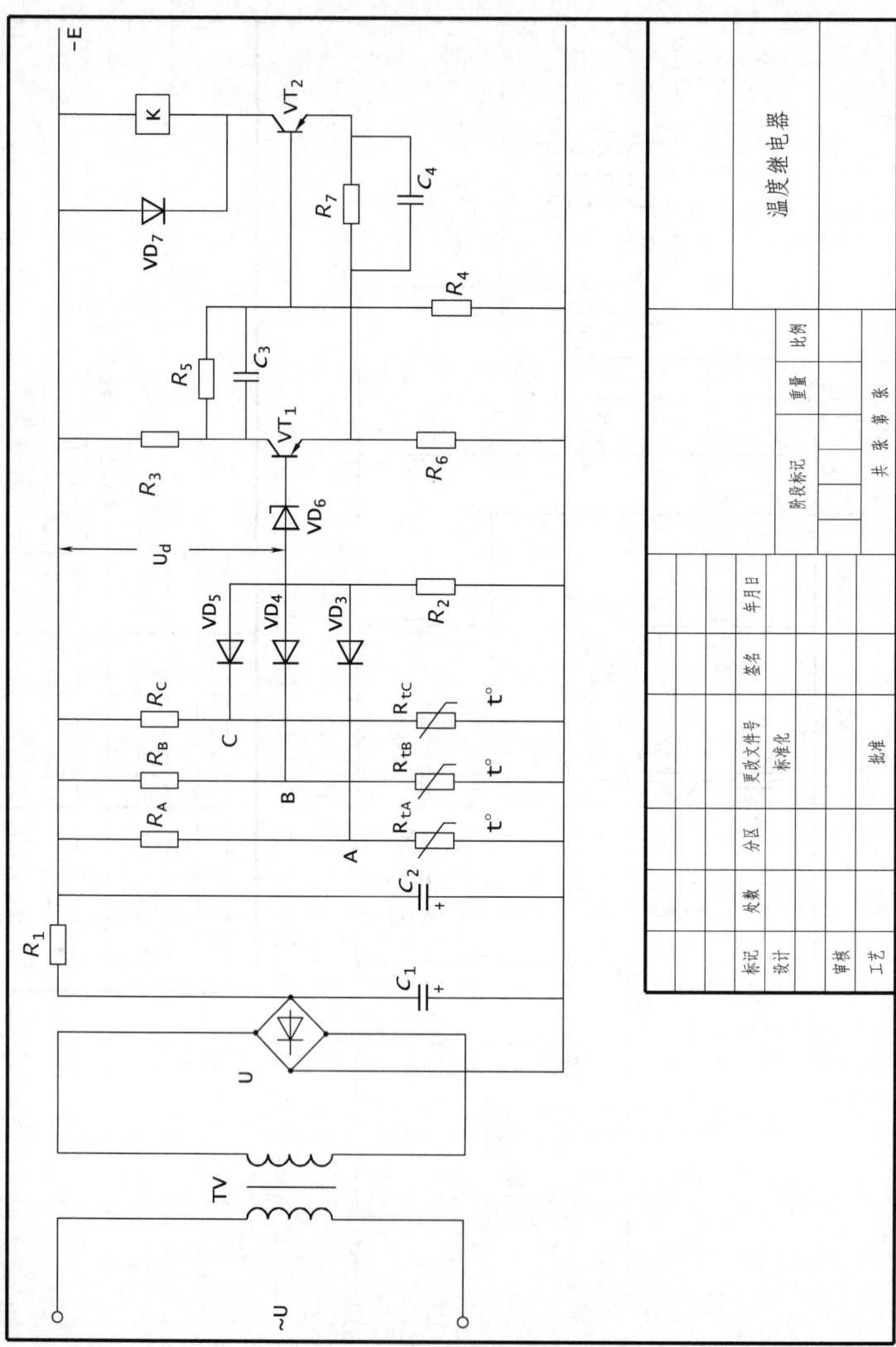

实训三　绘制千斤顶装配图

掌握装配图的画图和看图方法，是学习机械制图的主要任务之一，而用计算机绘制装配图，与绘制零件图有着很大的不同，因此，有必要进行绘制装配图的训练。

本教材提供了六套部件装配图，可根据不同的专业和实训时间的长短选择部分或全部内容进行训练。

一、实训内容

绘制千斤顶装配图。

二、实训目的

通过绘制千斤顶装配图，掌握装配图的绘制方法，熟悉用 Auto CAD 绘图的方法和技巧。练习图形文件之间的调用和插入的方法。

三、实训步骤及要求

1. 看懂千斤顶装配图，进入 Auto CAD，设置绘图环境。
2. 绘制螺旋千斤顶装配图中各零件图并进行编号、存盘。
3. 建立新图，设置绘图环境（建图层、线型、线宽、颜色，设置文字样式、尺寸样式）。绘制图幅和边框，标题栏和明细栏。存为样板文件以备后用。
4. 布图。在点画线层定位。
5. 按照徒手绘制千斤顶装配图的顺序逐一装配（利用绘制好的千斤顶零件图在图形文件之间复制、插入、逐一装配，或在同一显示屏上绘制简单零件图的视图，用旋转和移动命令进行装配）。注意各图形之间比例关系的统一。
6. 对千斤顶装配图中装配的各零件图进行修改（判别可见性、剖面符号的正确处理等）。
7. 很小的简单零件图可直接在装配图中画出。
8. 标注必要的尺寸。
9. 编写零件序号，注写技术要求。
10. 填写标题栏和明细栏。
11. 千斤顶装配图全部绘制完成后，赋名存盘，退出 Auto CAD。

注意：

1. 掌握好图形文件之间的调用和插入方法。
2. 图样简化画法（GB/T16675.1）中，允许装配图省略螺栓、螺母、销等紧固件的投影，而用点画线和指引线指明它们的位置。装配图中零件的倒角、圆角、凹坑、凸台、沟槽、滚花、刻线以及其它细节可不画出。

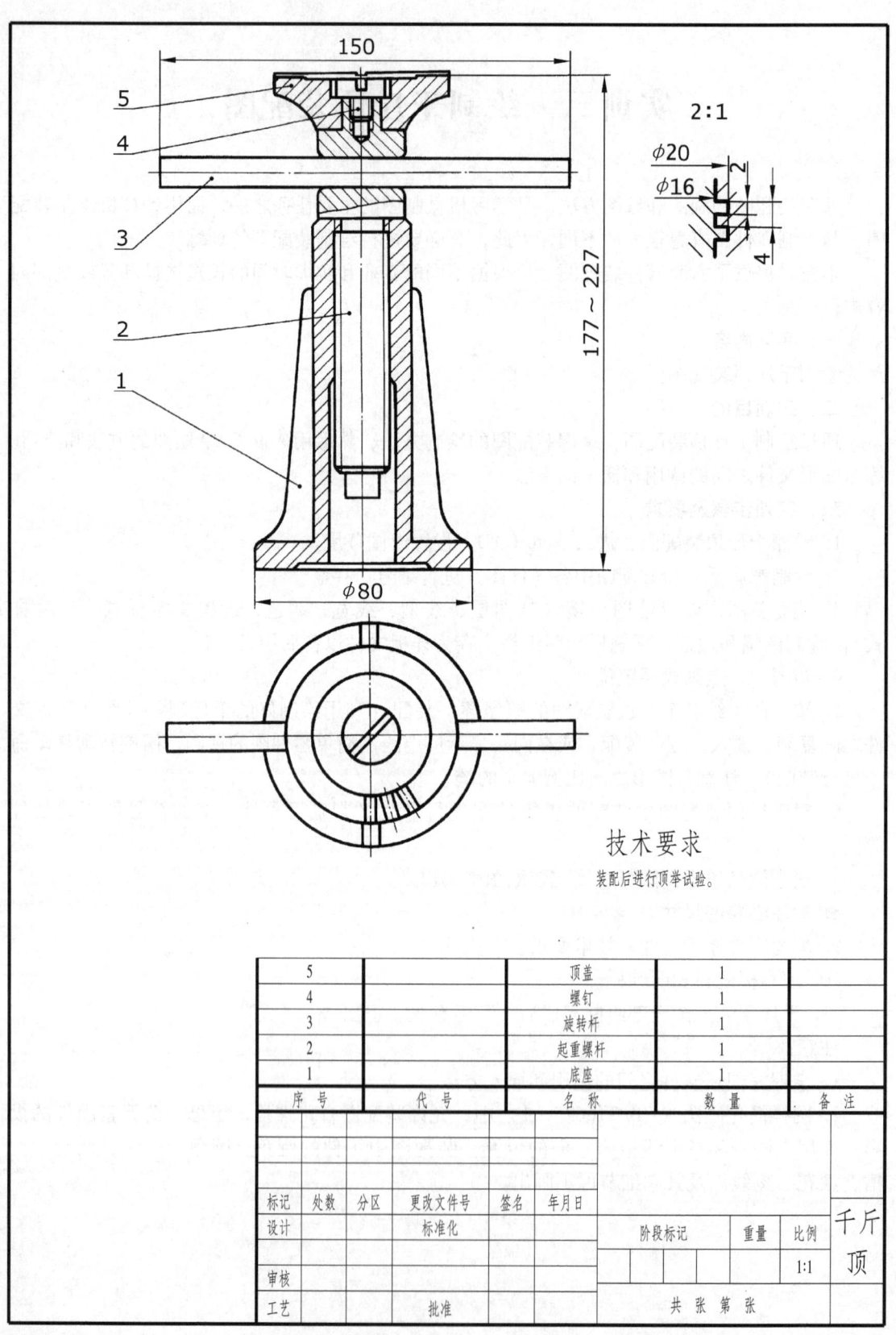

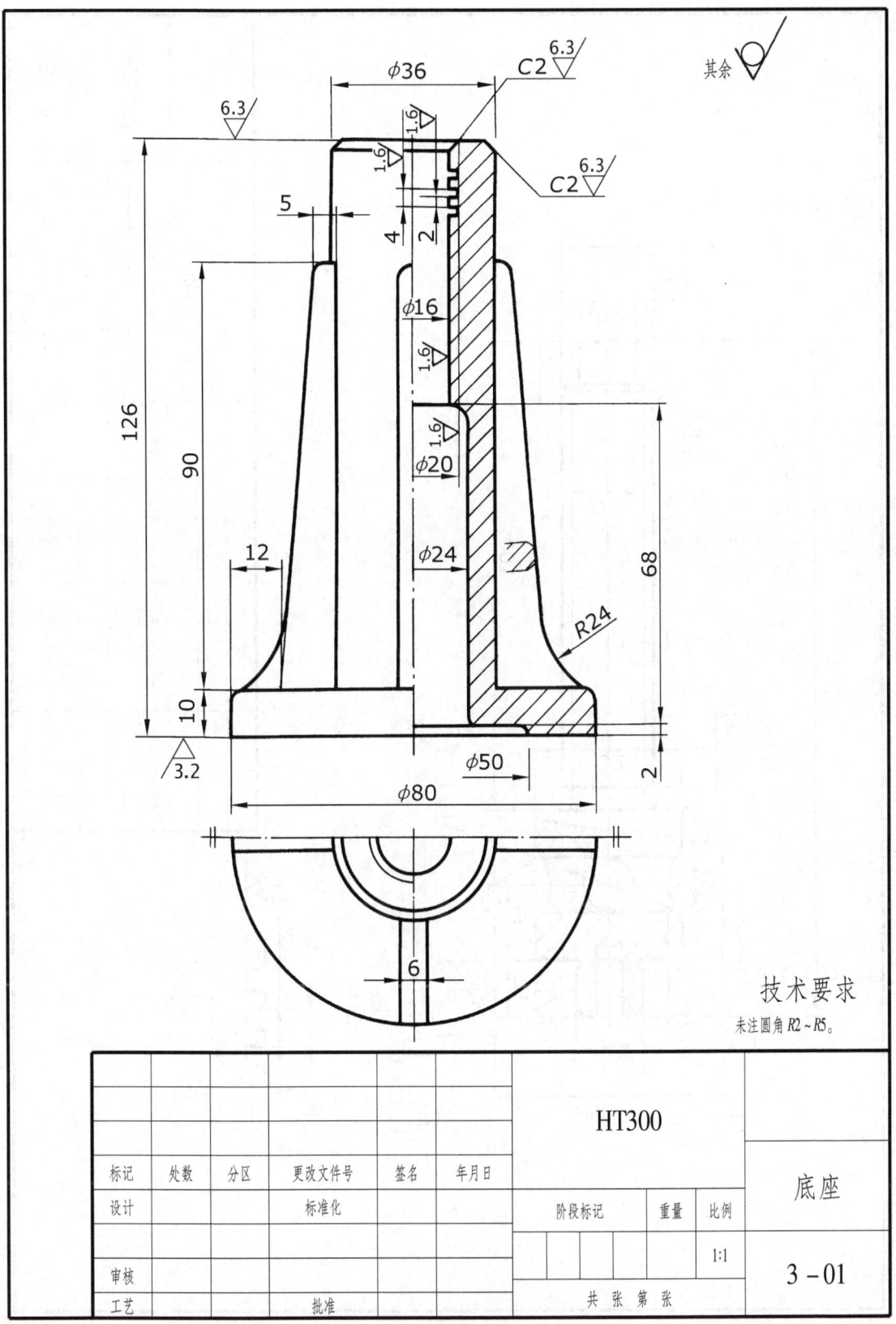

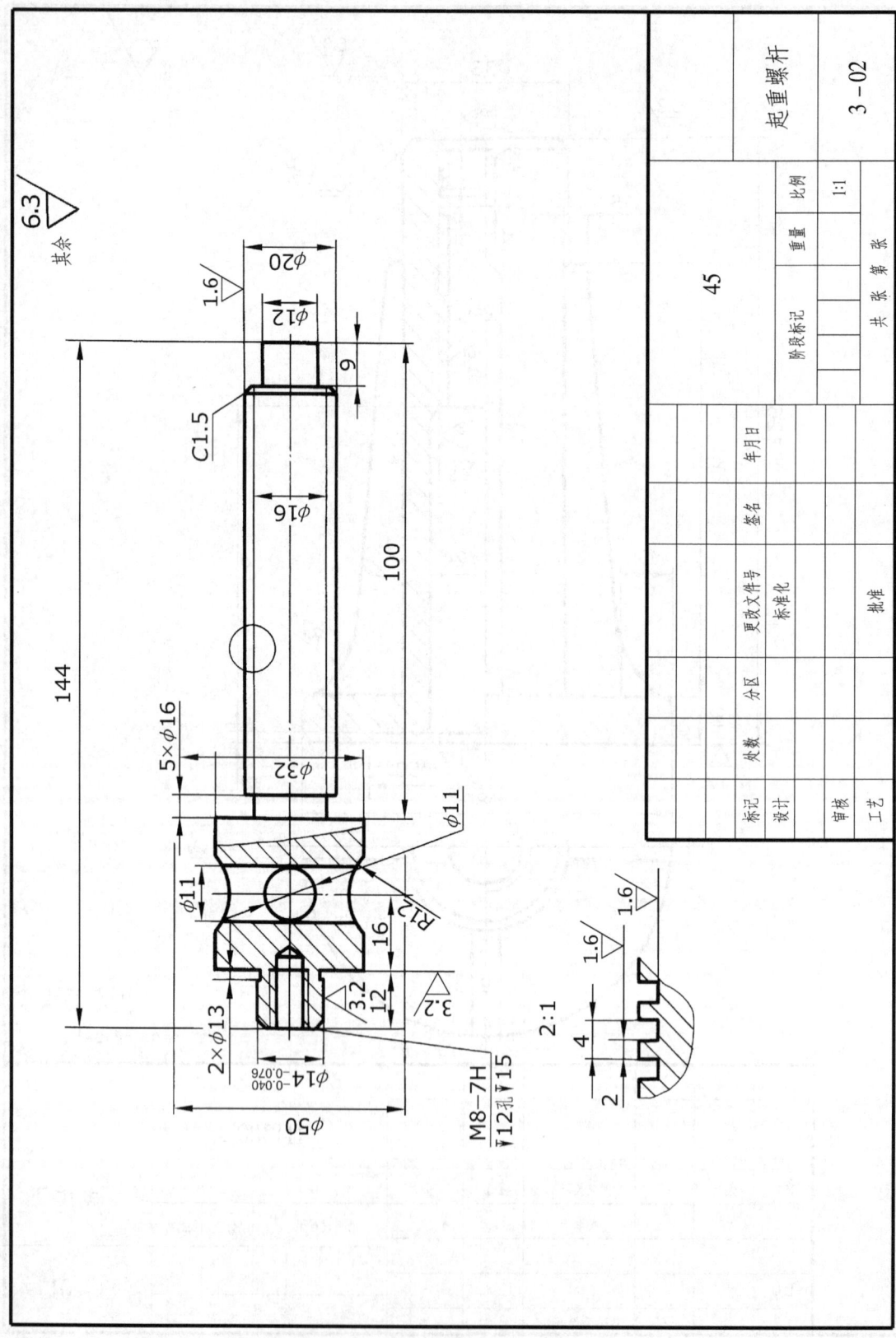

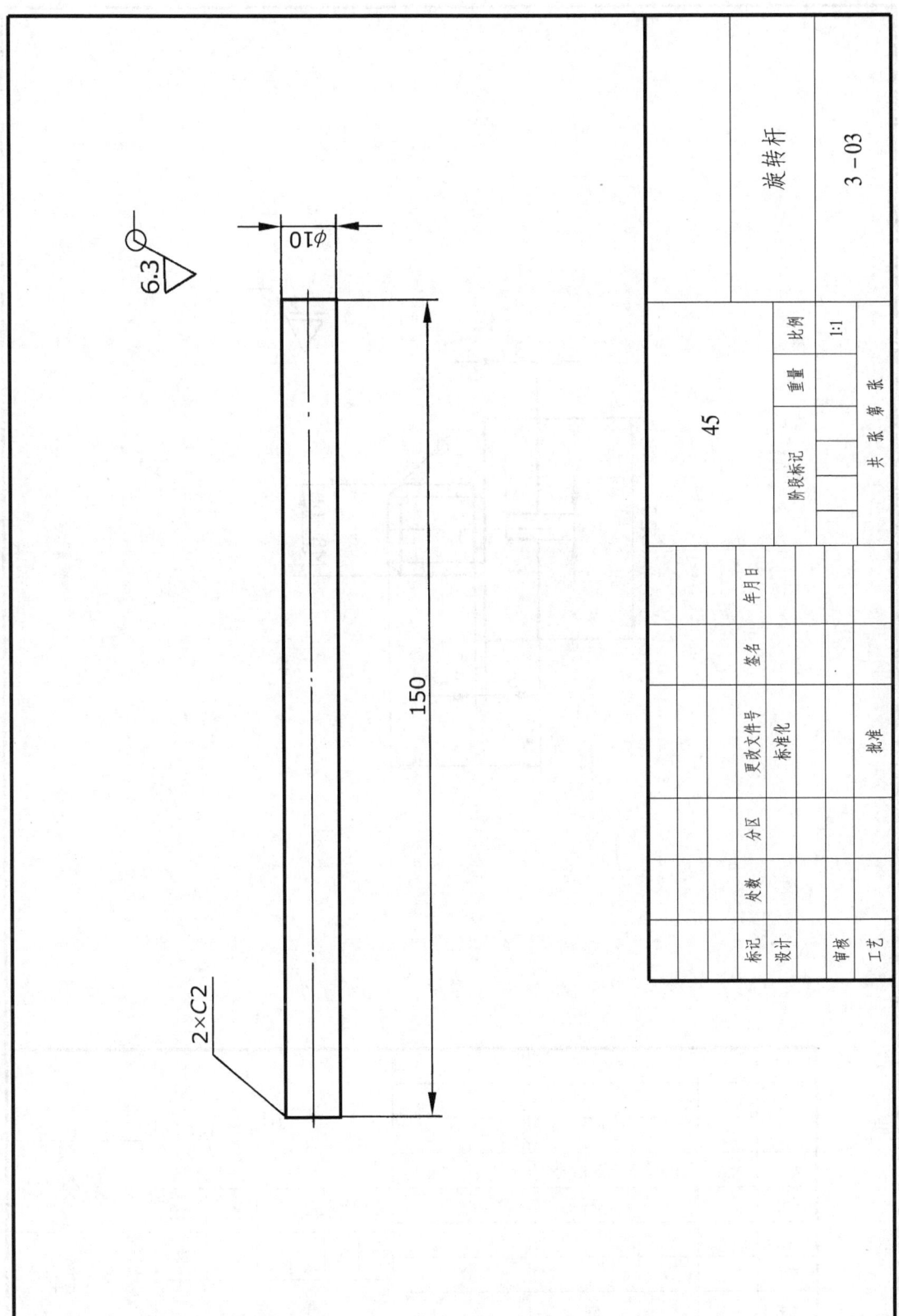

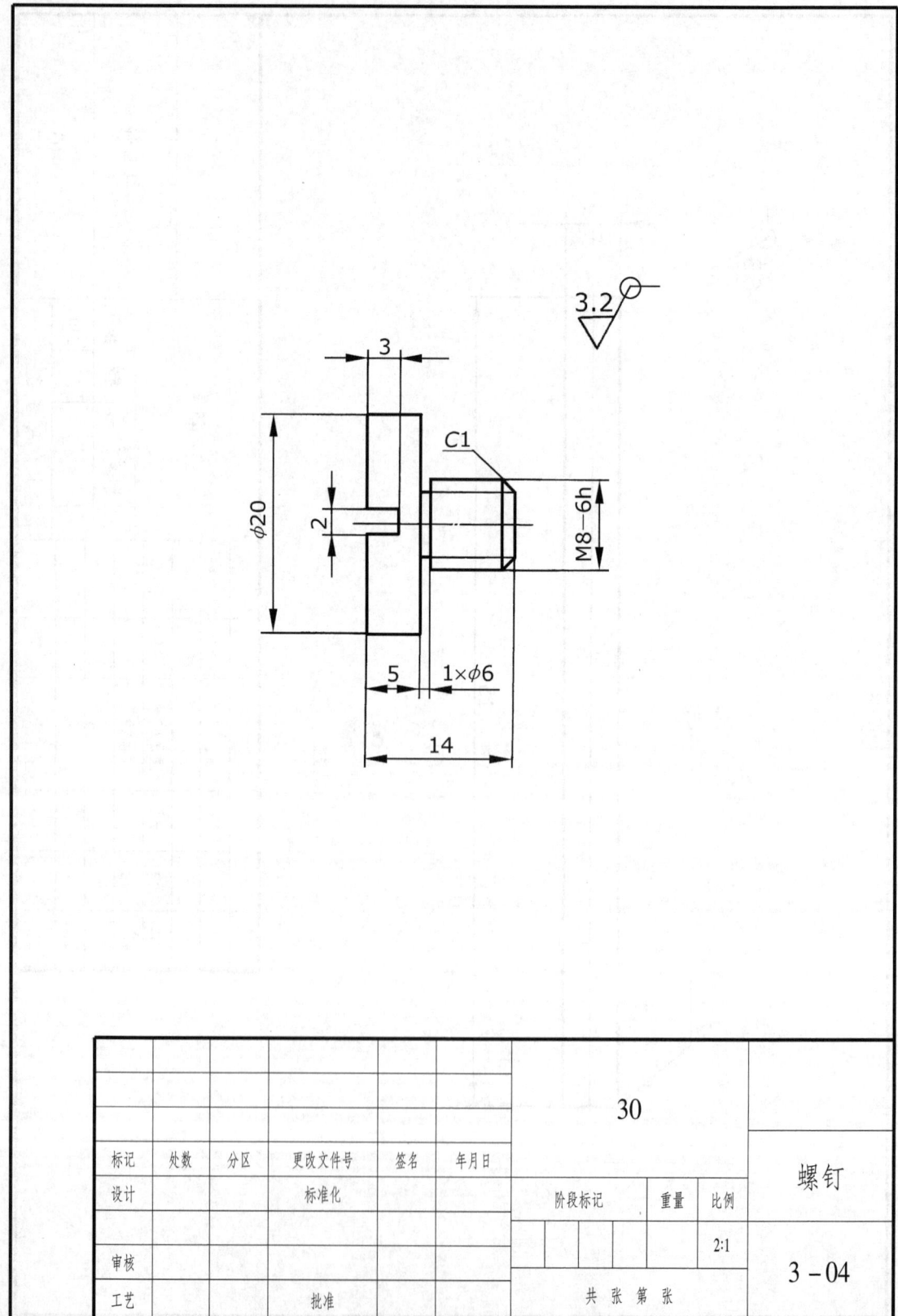

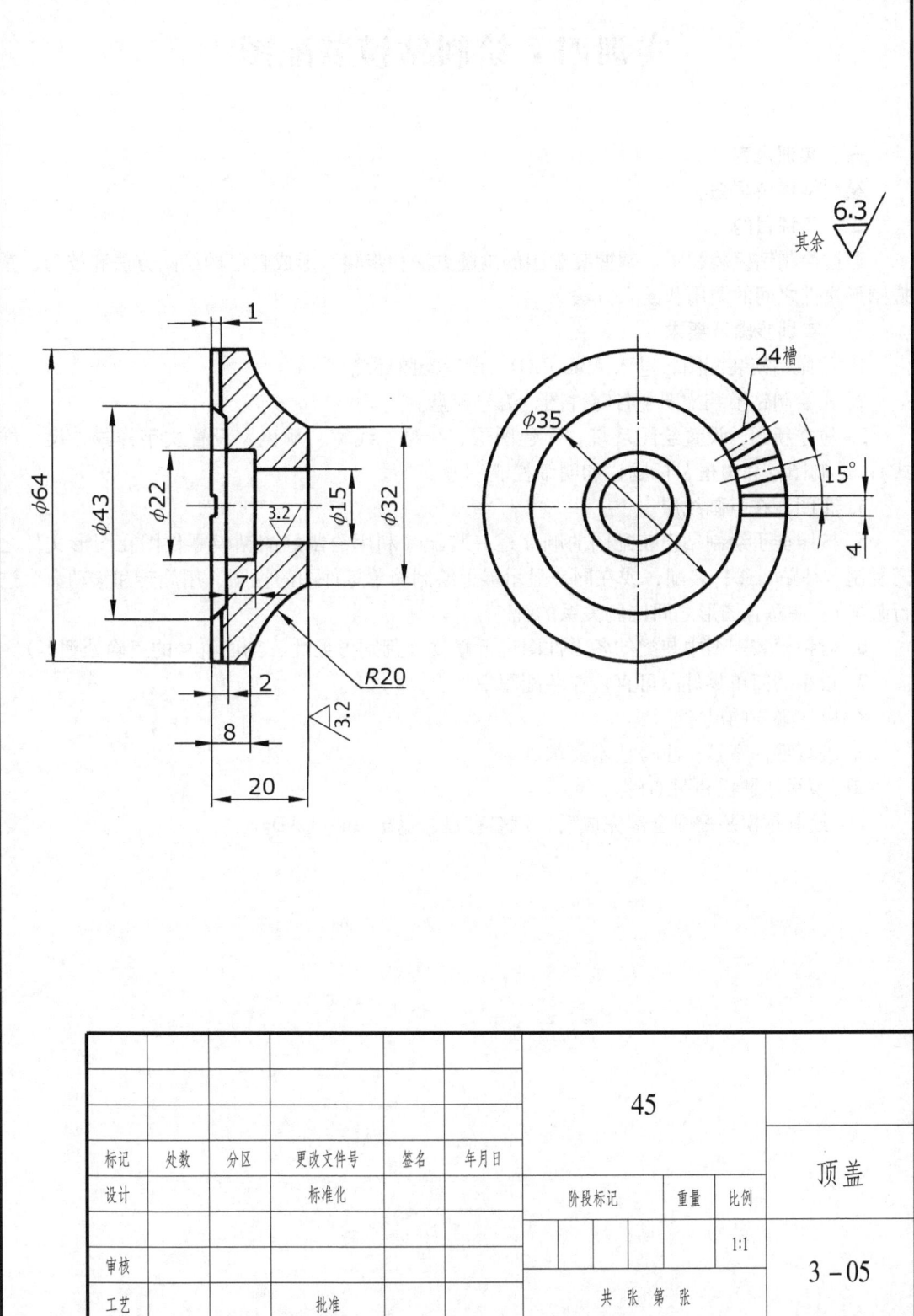

实训四　绘制钻模装配图

一、实训内容

绘制钻模装配图。

二、实训目的

通过绘制钻模装配图，掌握装配图的画图方法和步骤，形成自己的绘图方法和技巧，掌握图形文件之间的调用和插入方法。

三、实训步骤及要求

1. 看懂钻模装配图，进入 Auto CAD，设置绘图环境。

2. 先绘制钻模装配图中各零件图，编号存盘。

3. 建立新图，设置绘图环境，（建图层、线型、线宽、颜色，设置文字样式、尺寸样式）。绘制图幅和边框，标题栏和明细栏。

4. 布图。在点画线层定位。

5. 按照徒手绘制钻模装配图的顺序逐一装配（利用绘制好的钻模零件图在图形文件之间复制、粘贴、逐一装配，或在同一显示屏上绘制简单零件图的视图，用旋转和移动命令进行装配）。注意各图形之间比例关系的统一。

6. 对钻模装配图中装配的各零件图进行修改（判别可见性、剖面符号的正确处理等）。

7. 很小的简单零件图可直接在装配图中画出。

8. 标注必要的尺寸。

9. 编写零件序号，注写技术要求。

10. 填写标题栏和明细栏。

11. 绘制钻模装配图全部完成后，赋名存盘，退出 Auto CAD。

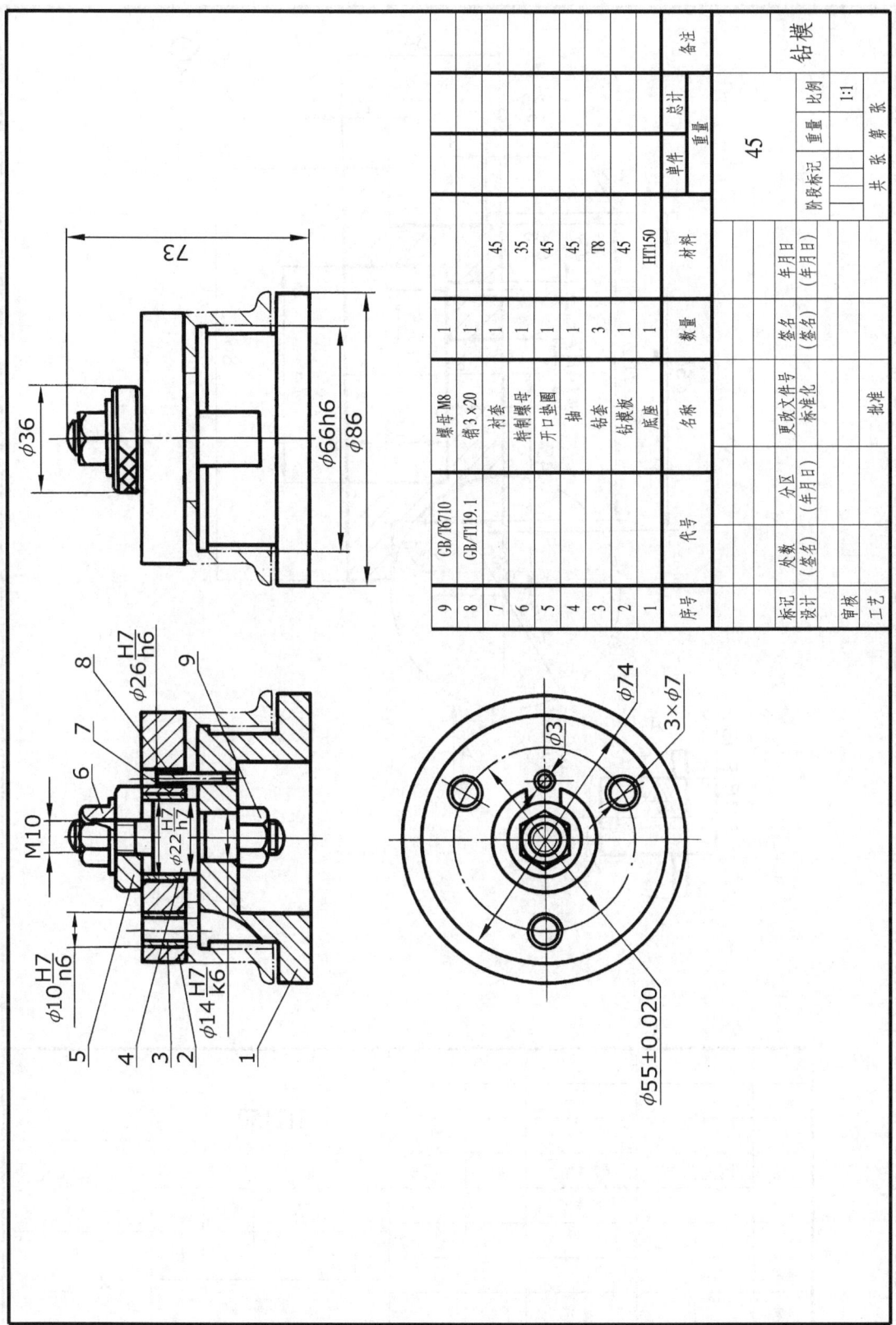

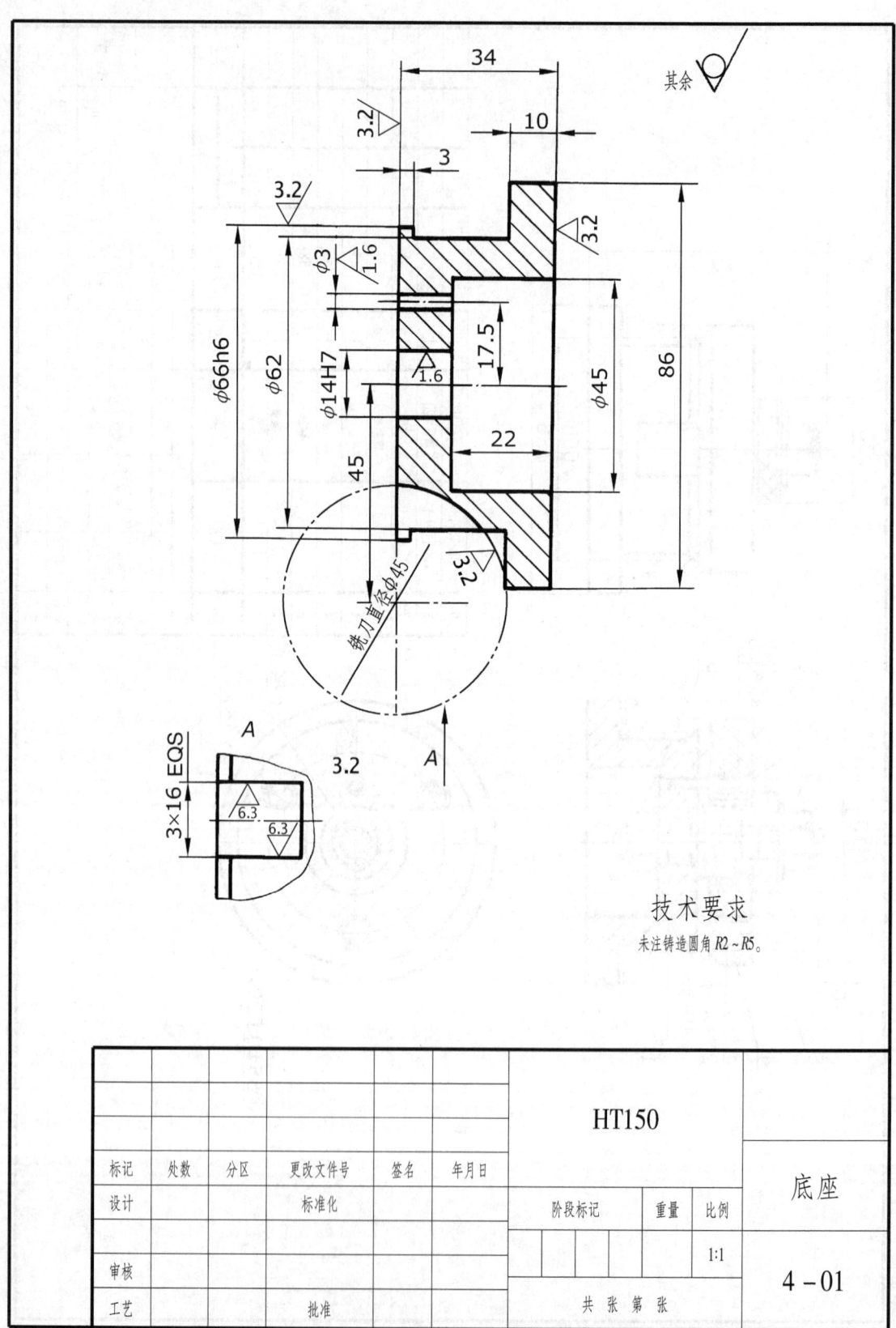

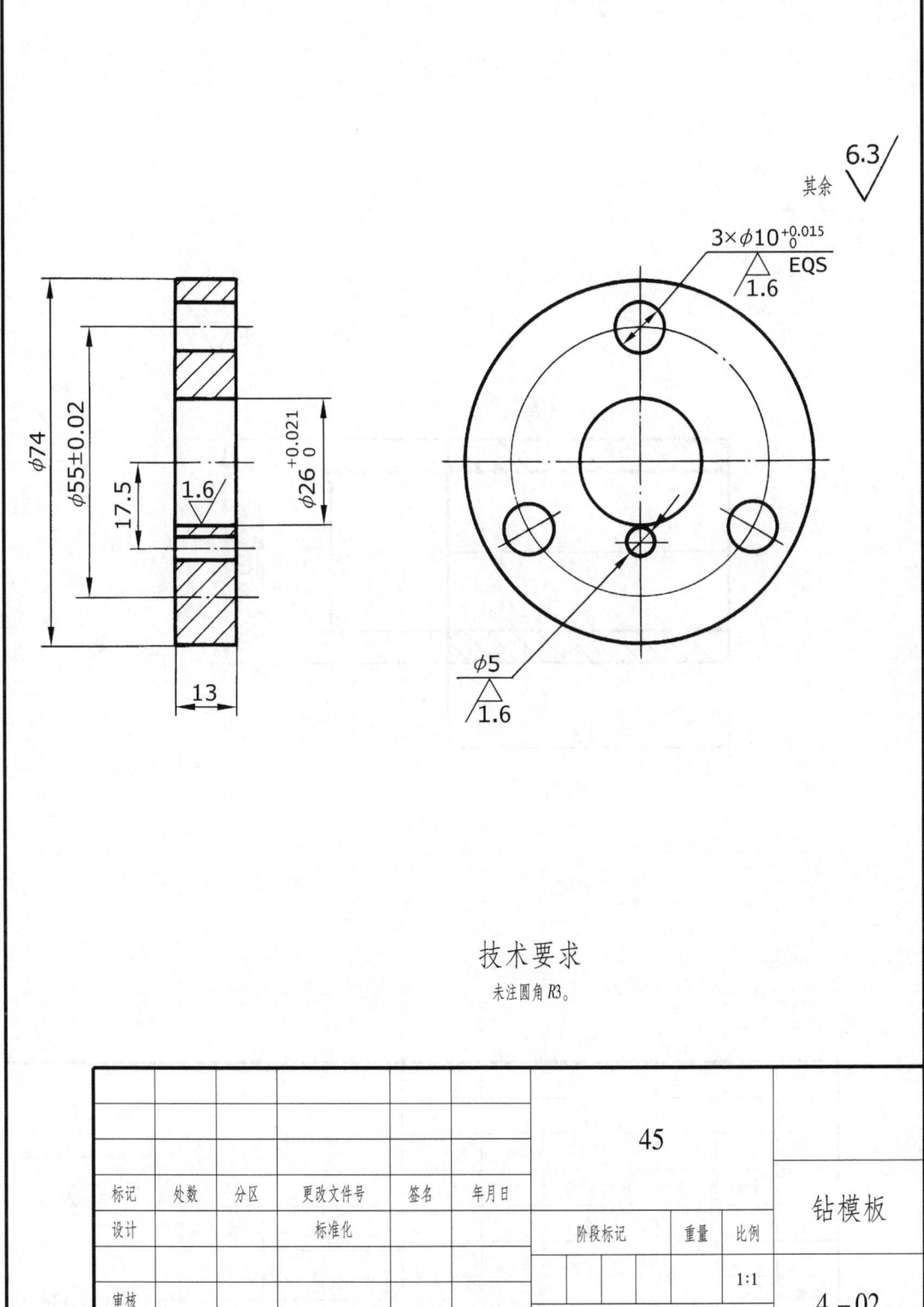

技术要求
未注圆角R3。

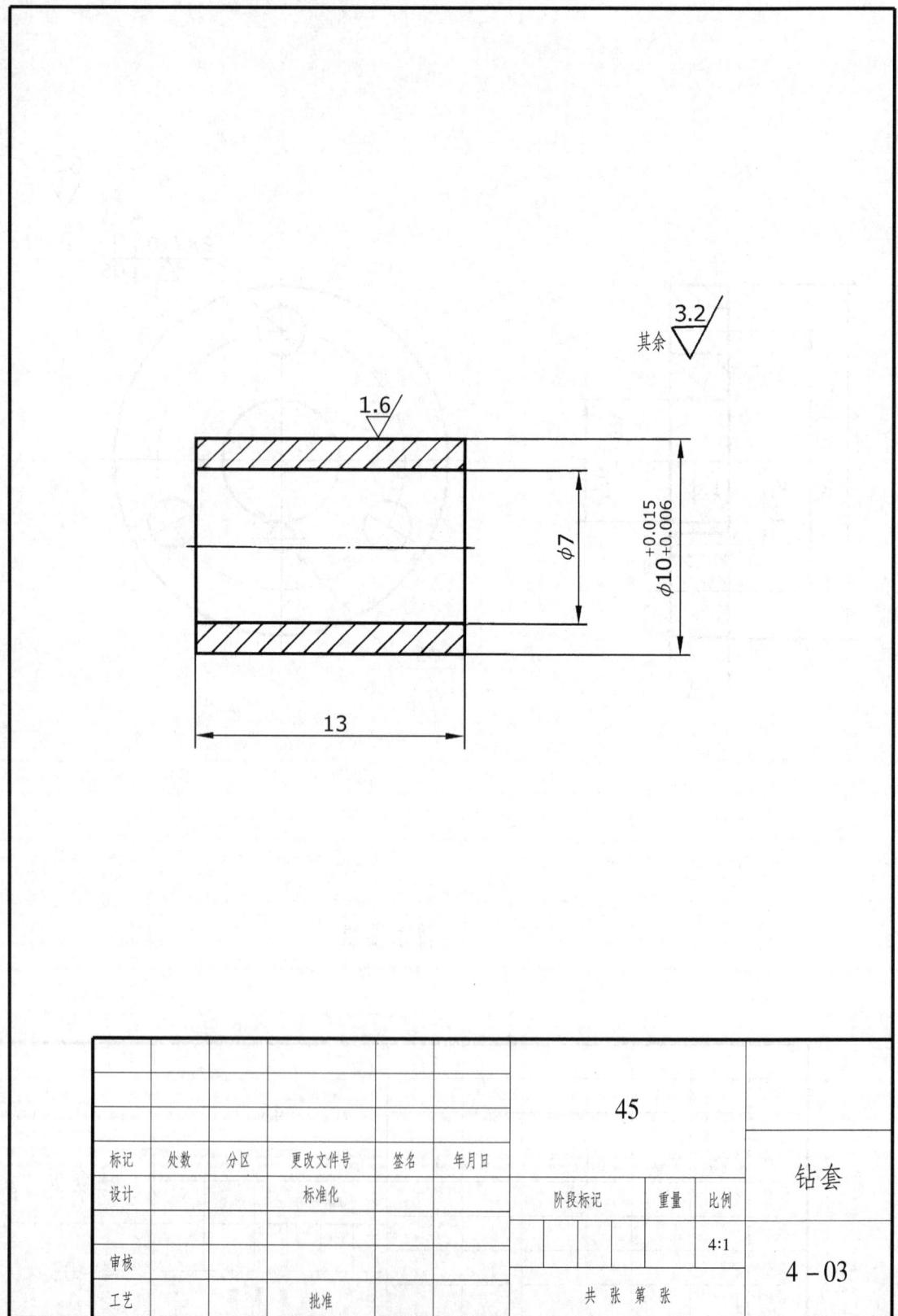

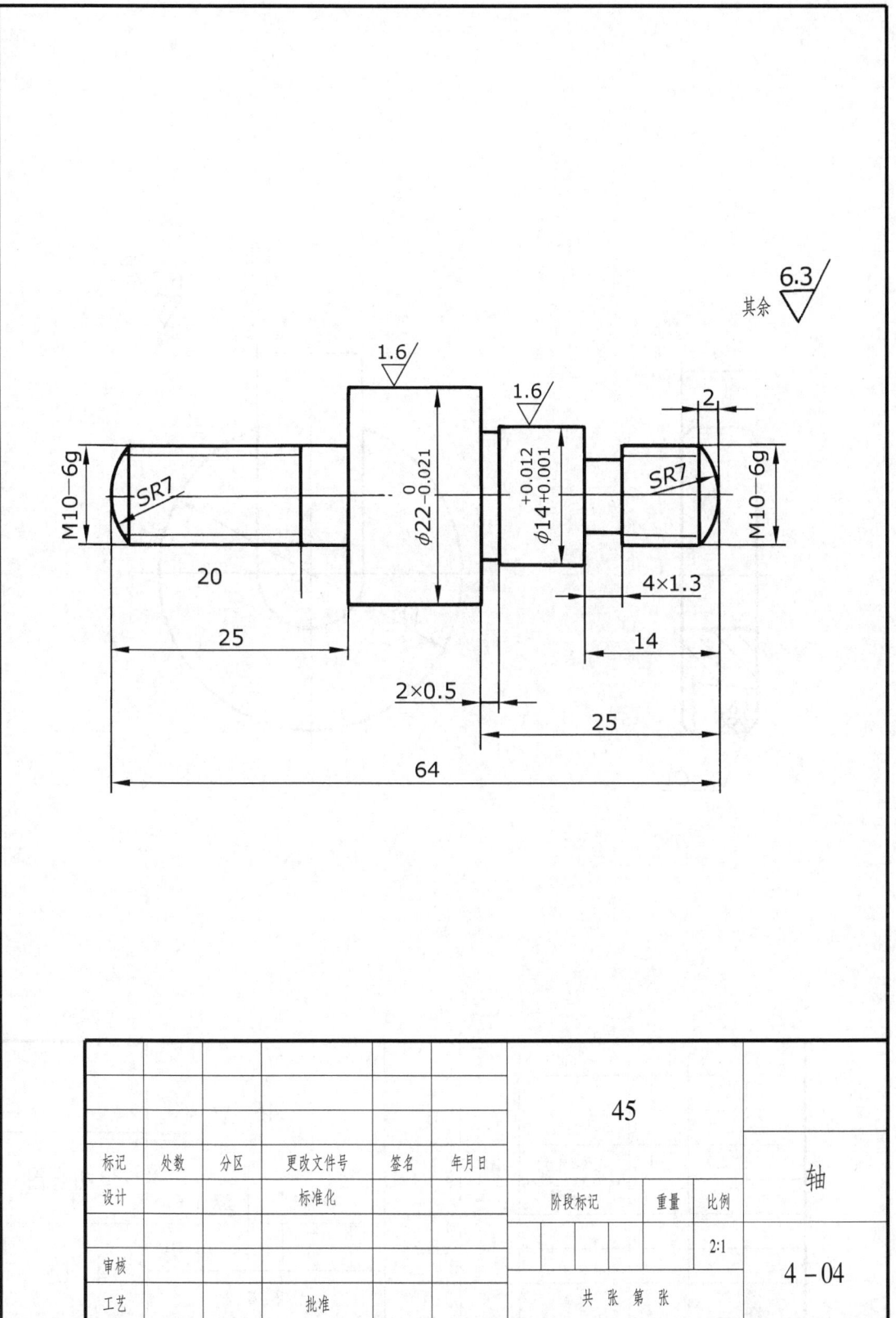

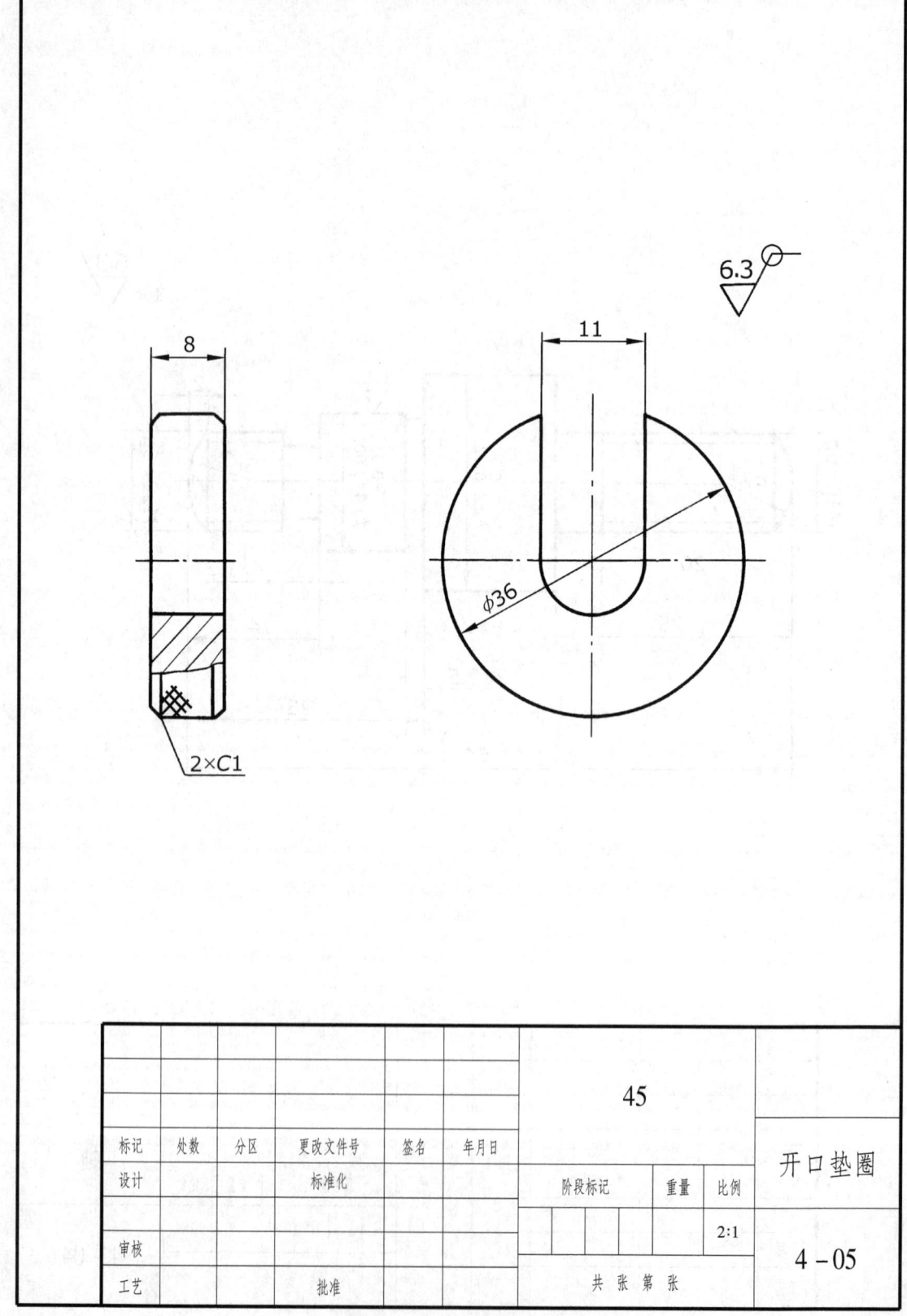

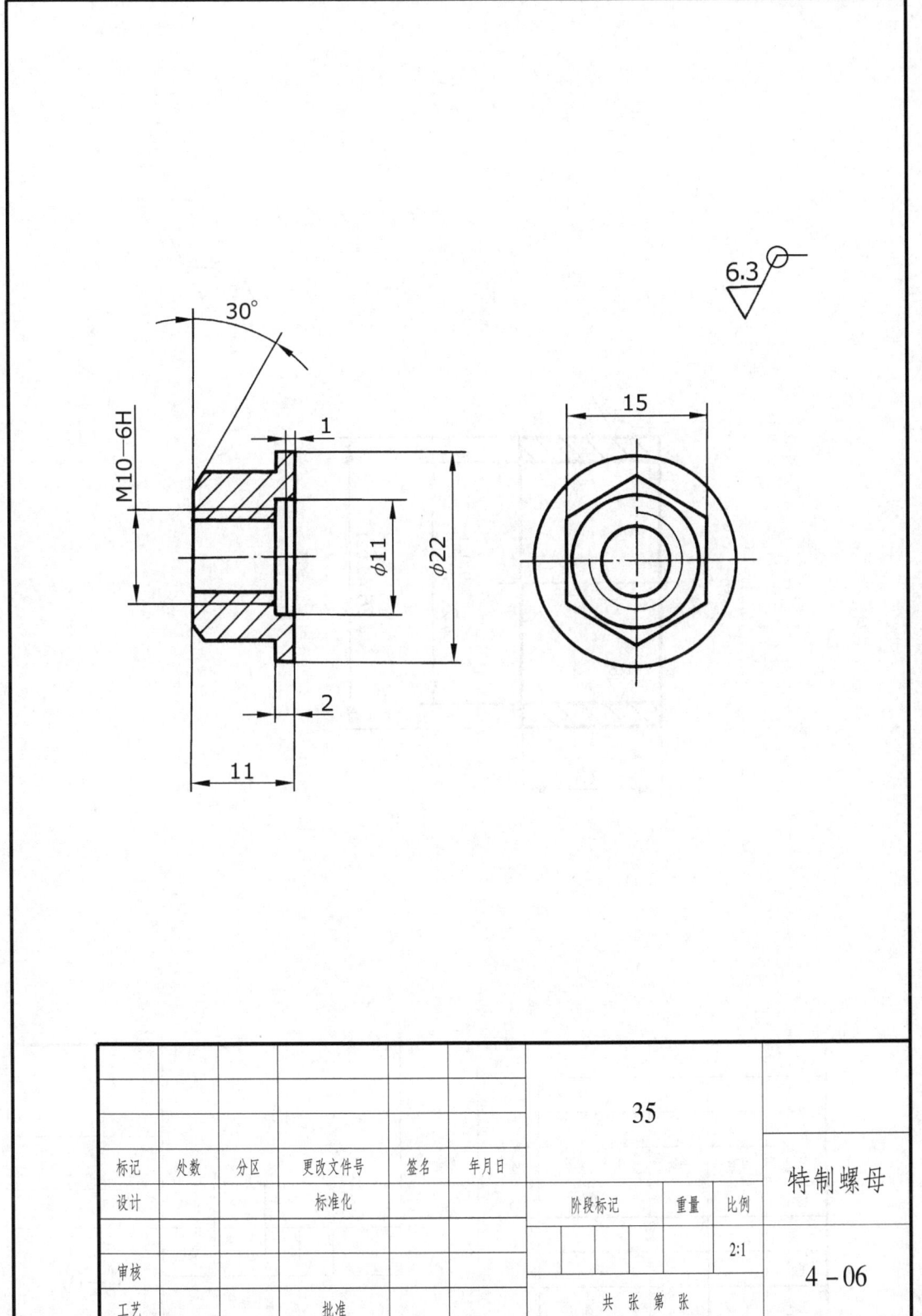

其余

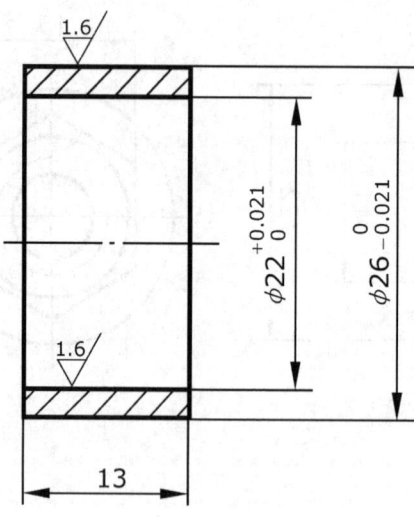

							45			衬套
标记	处数	分区	更改文件号	签名	年月日					
设计			标准化				阶段标记	重量	比例	
审核									2:1	4-07
工艺			批准				共 张 第 张			

实训五　绘制虎钳装配图

一、实训内容

绘制虎钳装配图。

二、实训目的

通过绘制虎钳装配图，进一步掌握绘制装配图的方法和步骤。掌握图形文件之间的调用和插入的方法。

三、实训步骤及要求

1. 绘图前要看懂虎钳装配图，进入 Auto CAD，设置绘图环境。
2. 先绘制虎钳装配图中各零件图，编号存盘。
3. 建立新图，设置绘图环境（建图层、线型、线宽、颜色，设置文字样式、尺寸样式）。绘制图幅和边框，标题栏和明细栏。
4. 布图。在点画线层定位。
5. 按照徒手绘制虎钳装配图的顺序逐一装配（利用绘制好的虎钳零件图在图形文件之间复制、插入、逐一装配，或在同一显示屏上绘制简单零件图的视图，用旋转和移动命令进行装配）。注意各图形之间比例关系的统一。
6. 对虎钳装配图中装配的各零件图进行修改（判别可见性、剖面符号的正确处理等）。
7. 很小的简单零件图可直接在装配图中画出。
8. 标注必要的尺寸。
9. 编写零件序号，注写技术要求。
10. 填写标题栏和明细栏。
11. 绘制虎钳装配图全部完成后，赋名存盘，退出 Auto CAD。

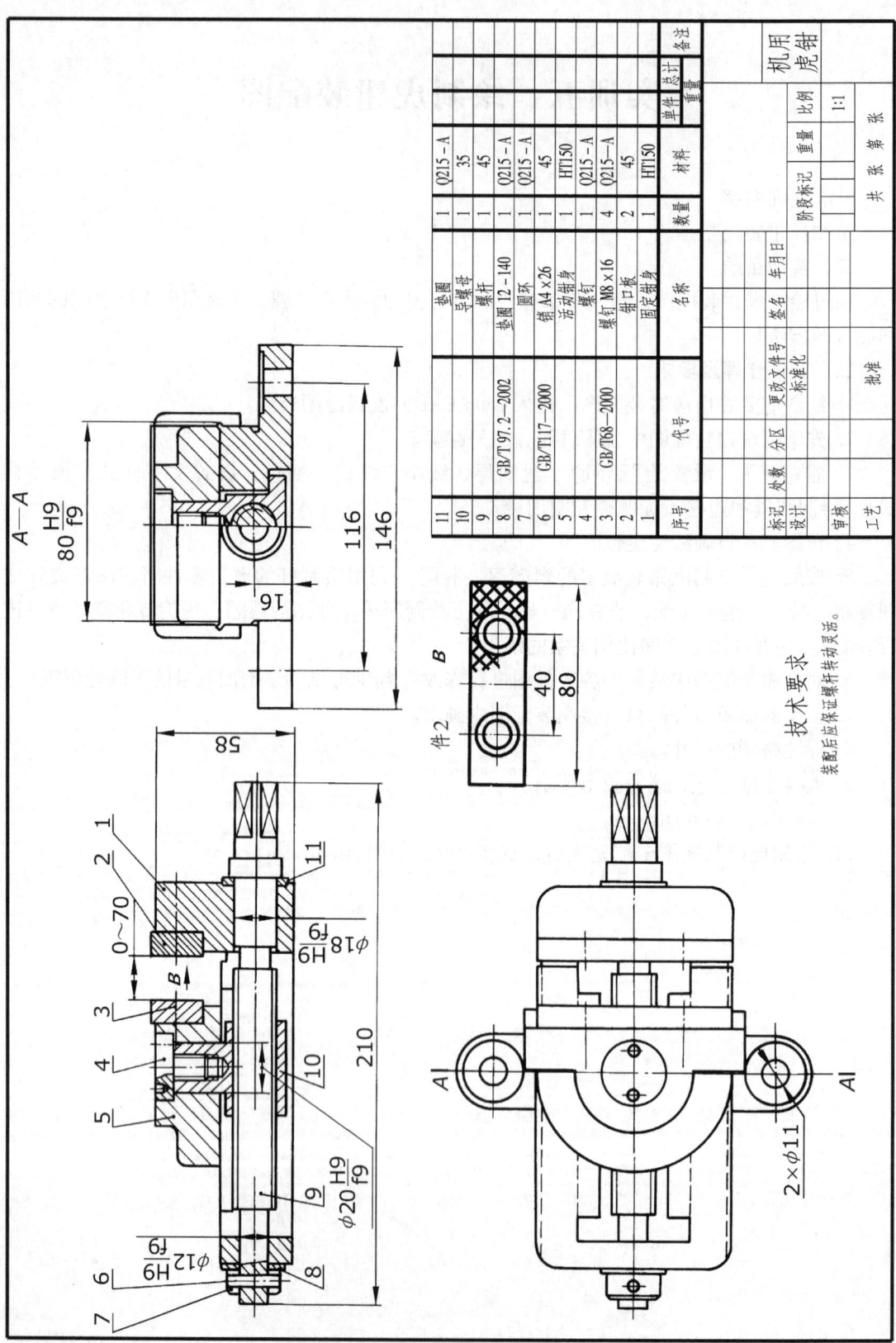

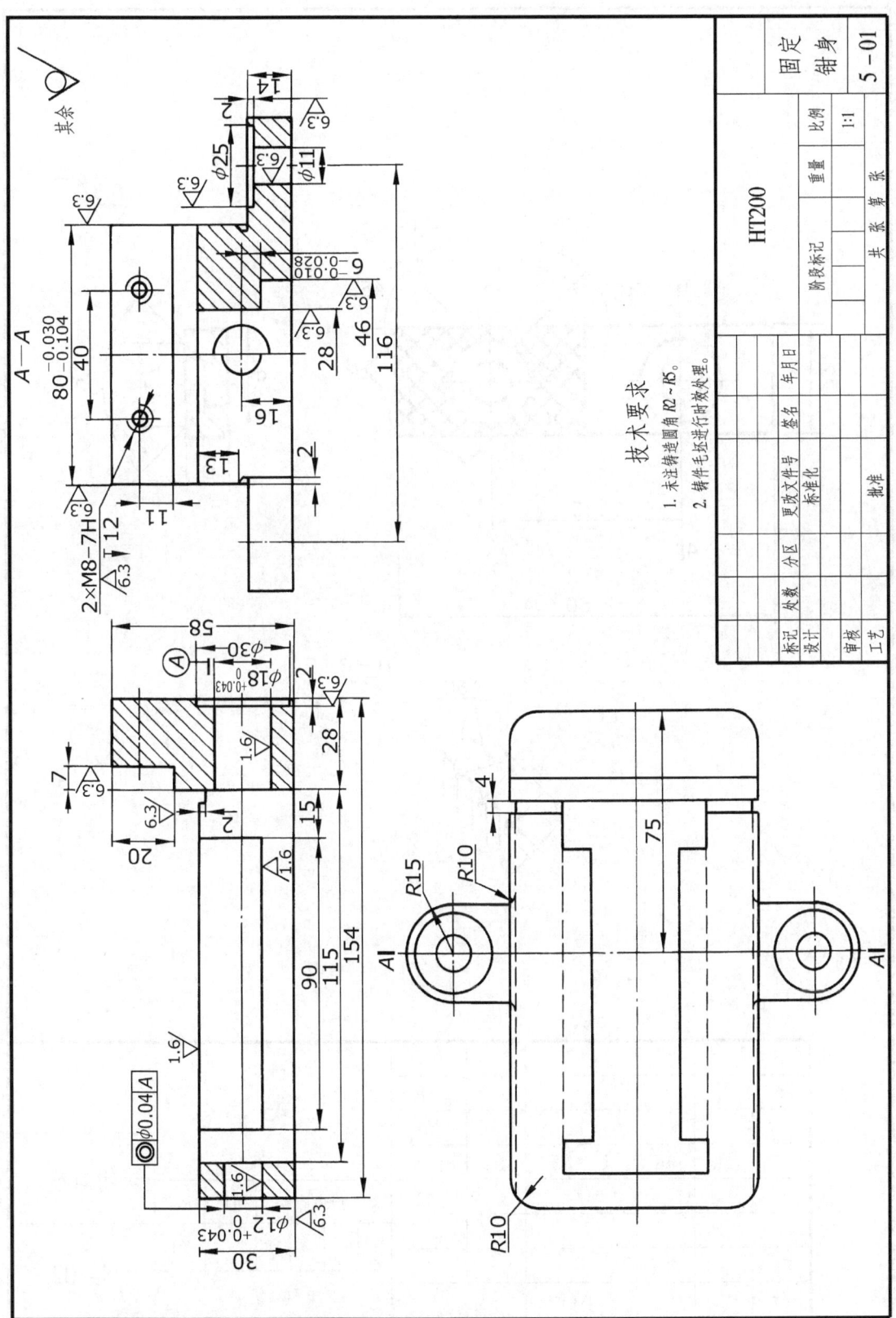

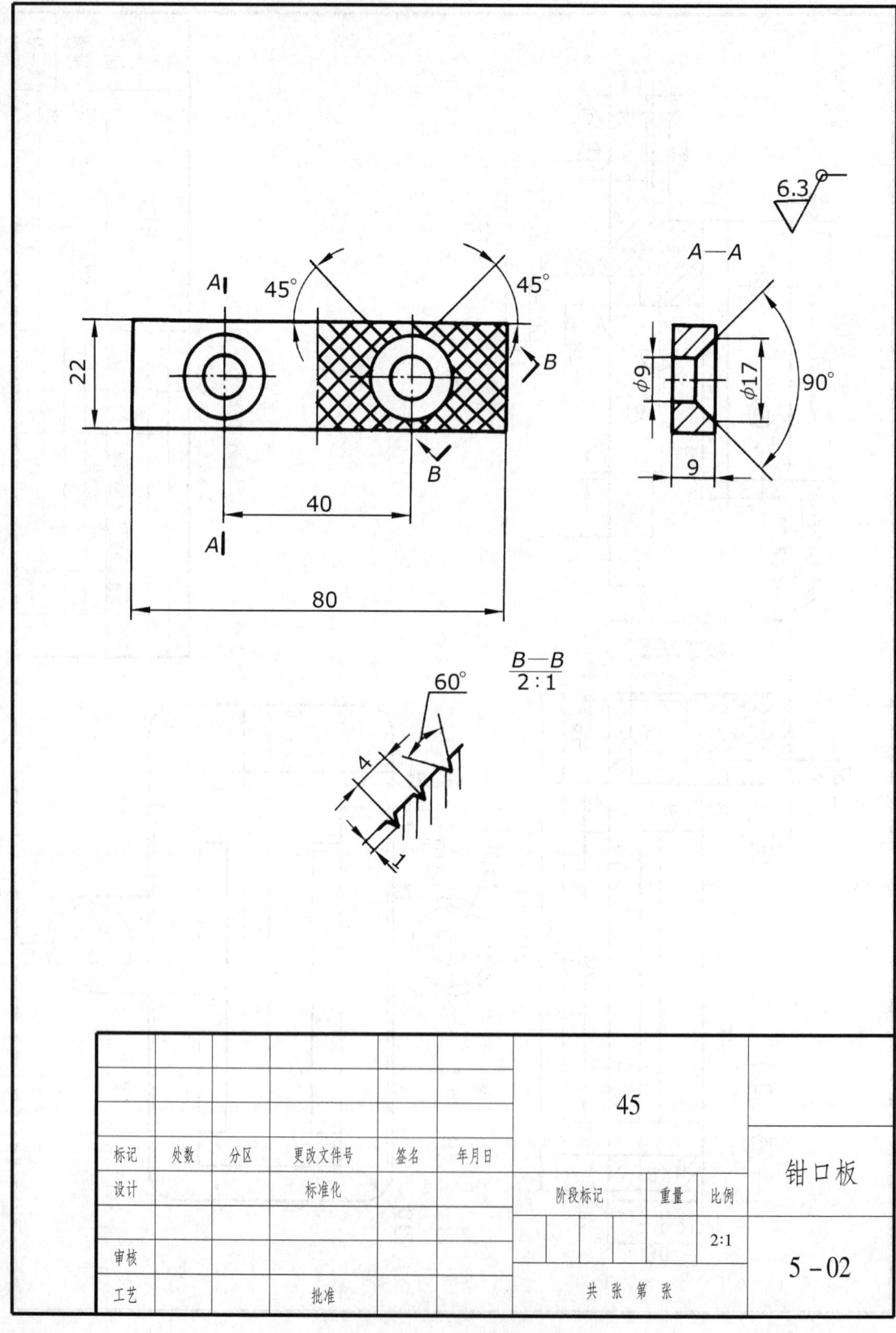

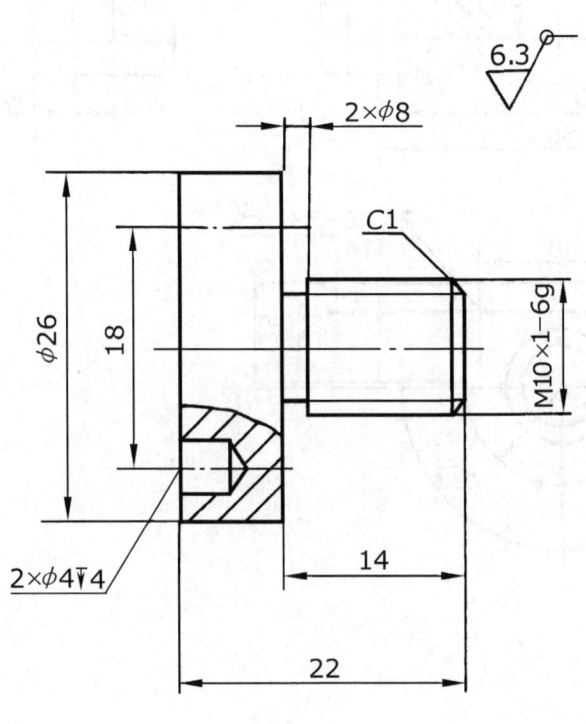

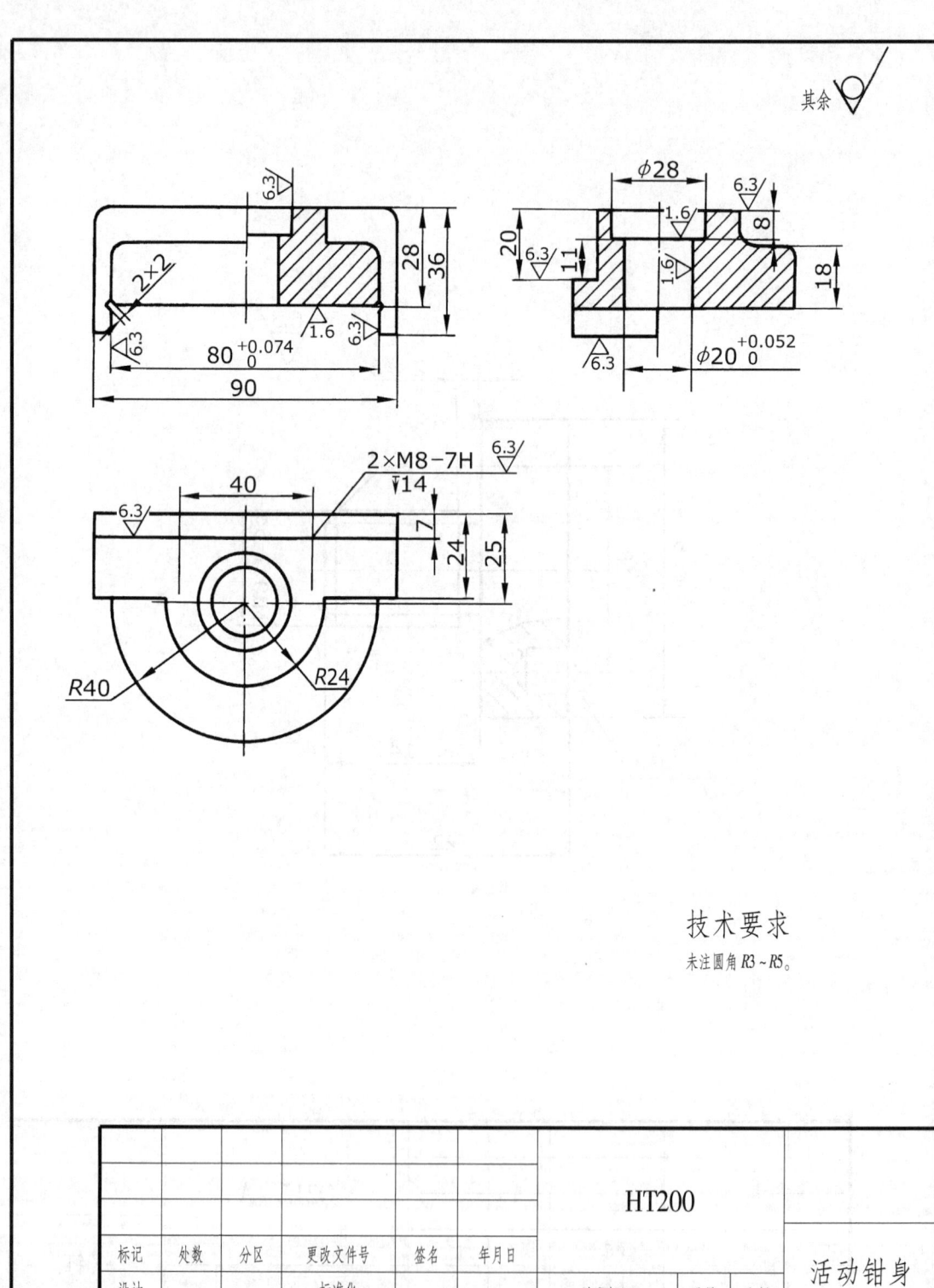

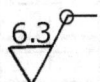

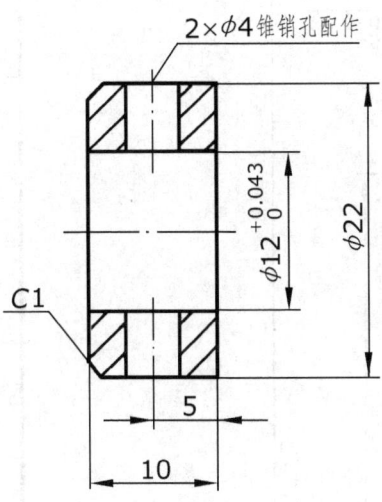

标记	处数	分区	更改文件号	签名	年月日	Q215-A			圆环
设计			标准化			阶段标记	重量	比例	
								2:1	5-07
审核									
工艺			批准			共 张 第 张			

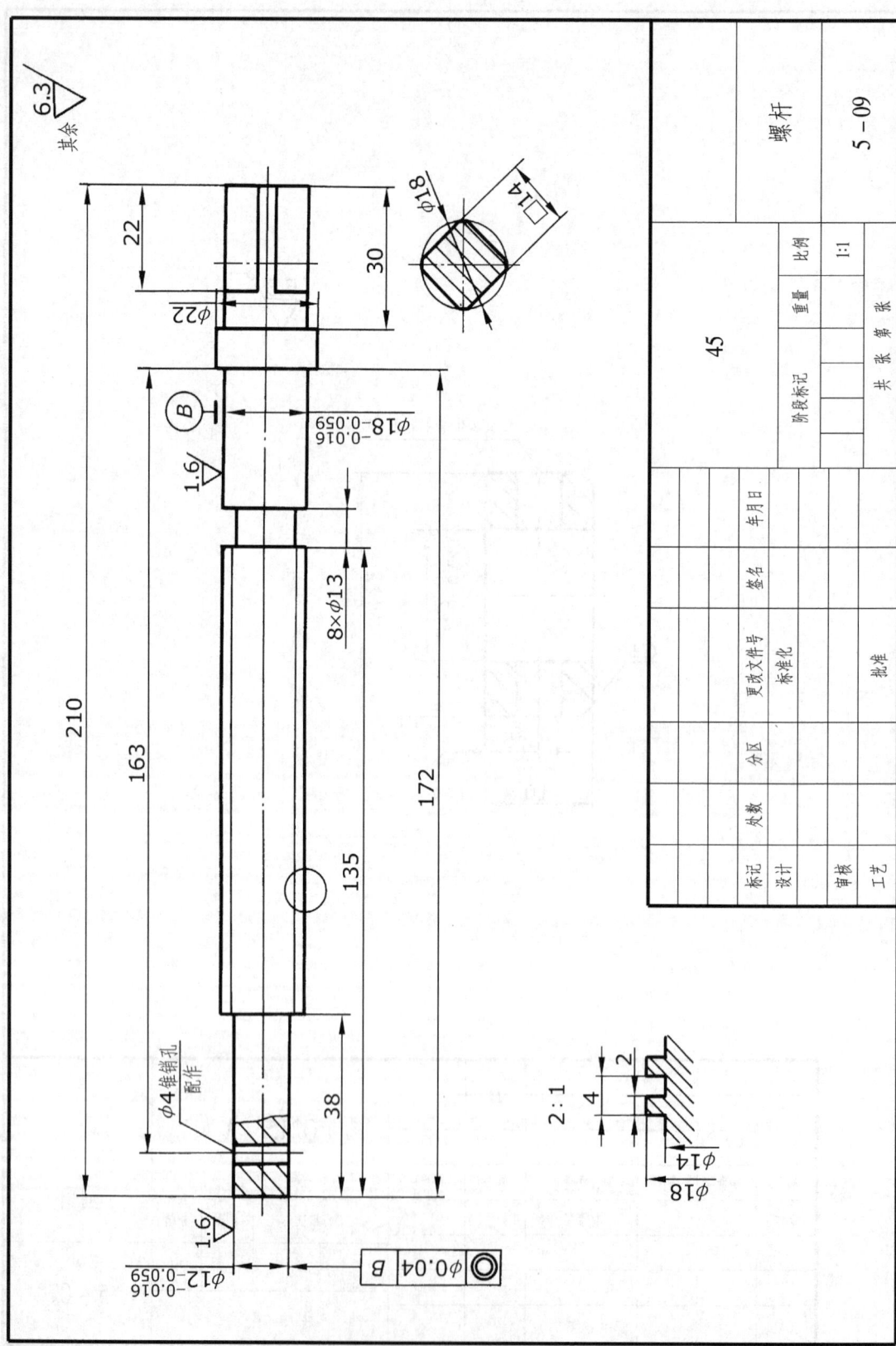

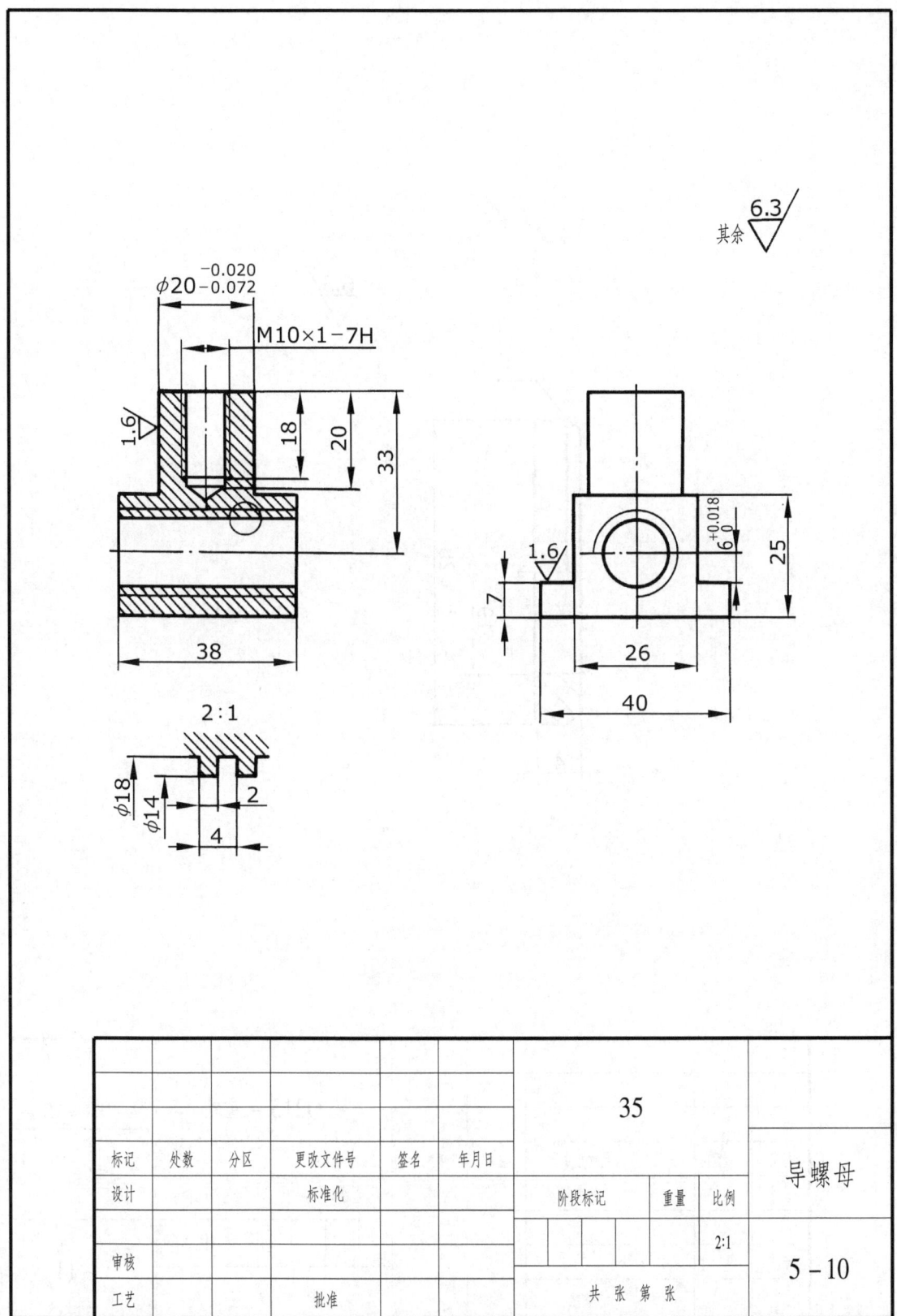

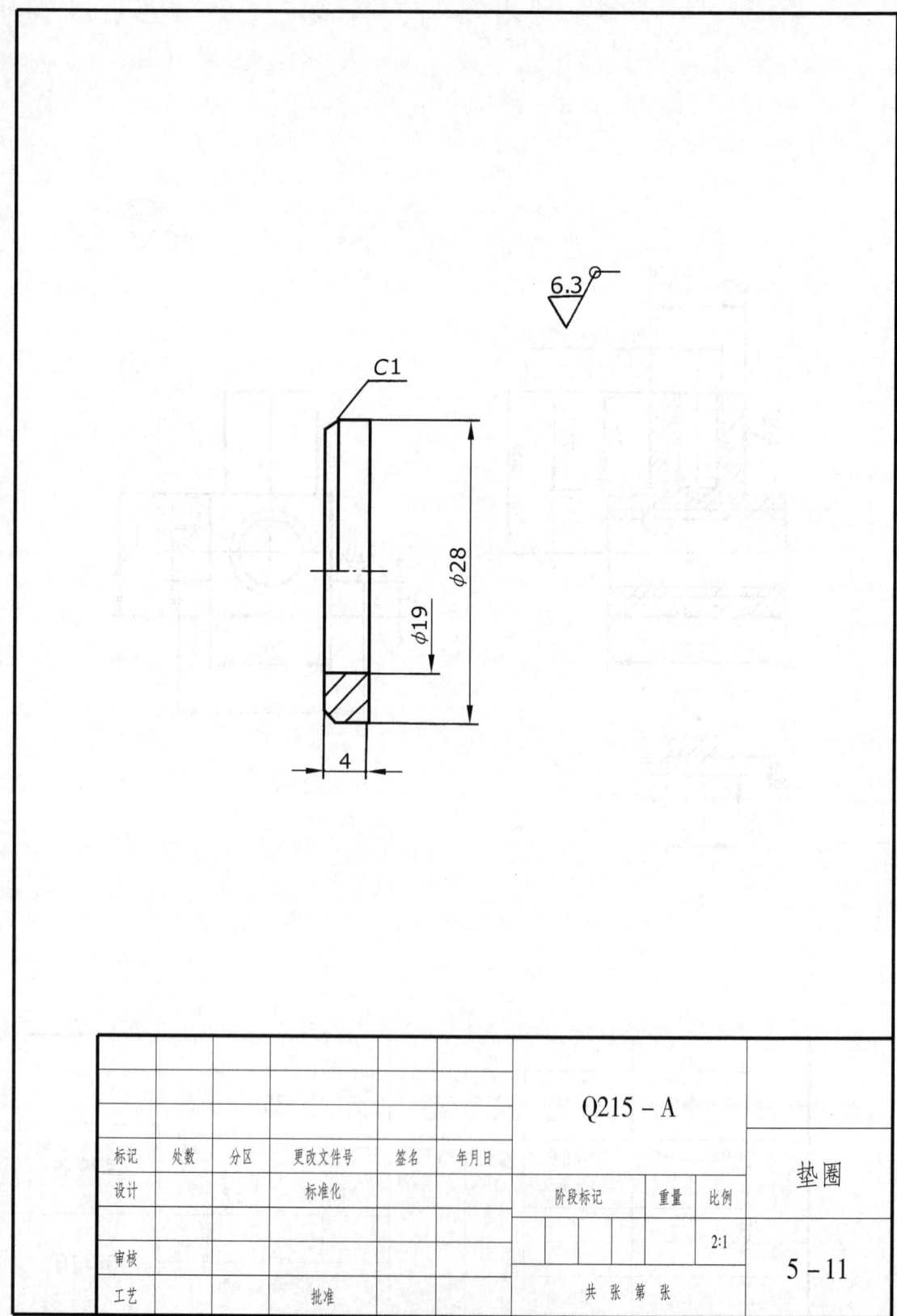

实训六　绘制齿轮泵装配图

一、实训内容

绘制齿轮泵装配图。

二、实训目的

通过绘制齿轮泵装配图，进一步掌握绘制装配图的方法和步骤。掌握图形文件之间的调用和插入的方法。

三、实训步骤及要求

1. 绘图前要看懂齿轮泵装配图，进入 Auto CAD，设置绘图环境。

2. 先绘制齿轮泵装配图中的各零件图，编号存盘。

3. 建立新图，设置绘图环境，（建图层、线型、线宽、颜色，设置文字样式、尺寸样式）。绘制图幅和边框，标题栏和明细栏。

4. 布图。在点画线层定位。

5. 按照徒手绘制齿轮泵装配图的顺序逐一装配（利用绘制好的齿轮泵零件图在图形文件之间复制、粘贴、逐一装配，或在同一显示屏上绘制简单零件图的视图，用旋转和移动命令进行装配）。注意各图形之间比例关系的统一。

6. 对齿轮泵装配图中装配的各零件图进行修改（判别可见性、剖面符号的正确处理等）。

7. 很小的简单零件图可直接在装配图中画出。

8. 标注必要的尺寸。

9. 编写零件序号，注写技术要求。

10. 填写标题栏和明细栏。

11. 齿轮泵装配图全部绘制完成后，赋名存盘，退出 Auto CAD。

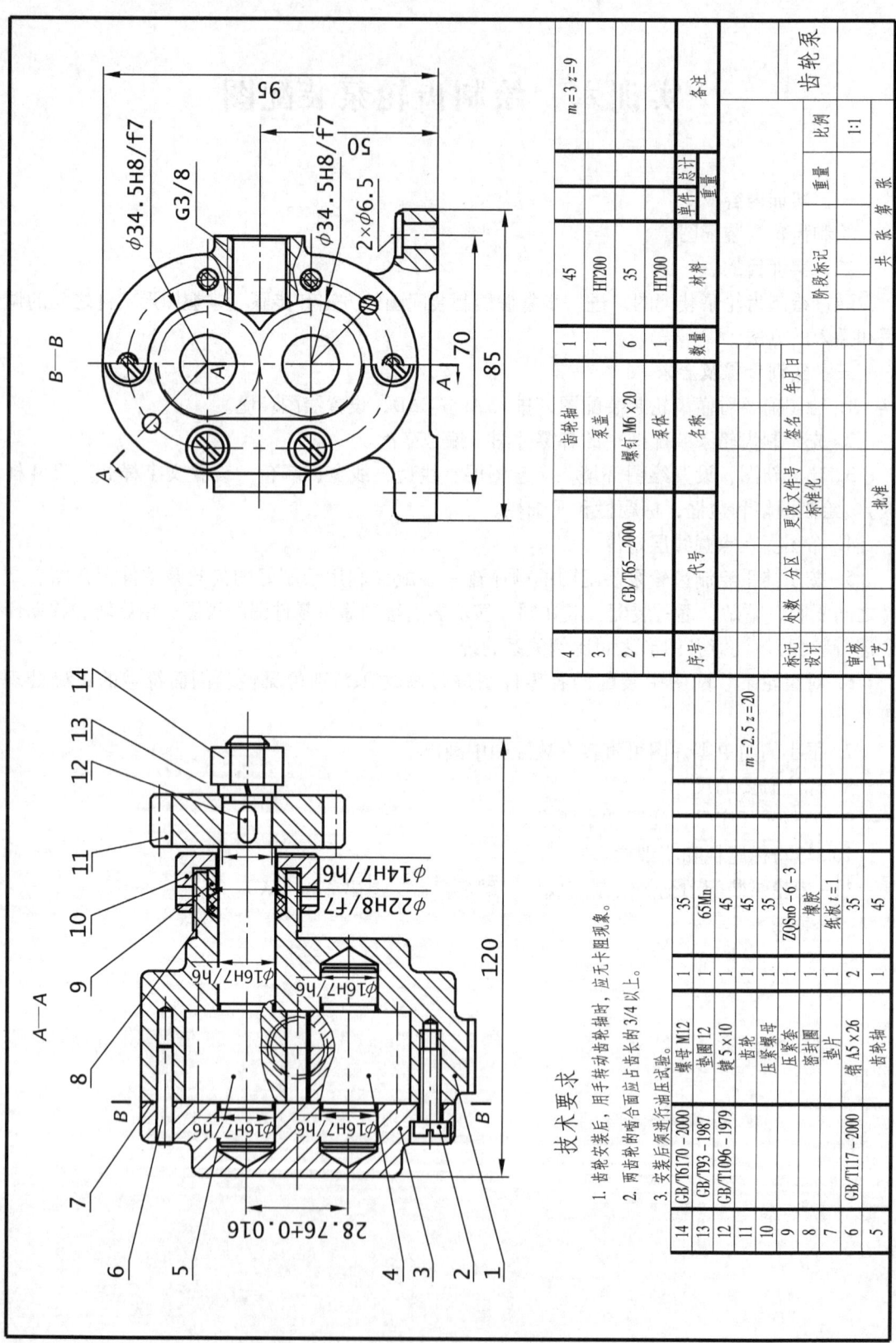

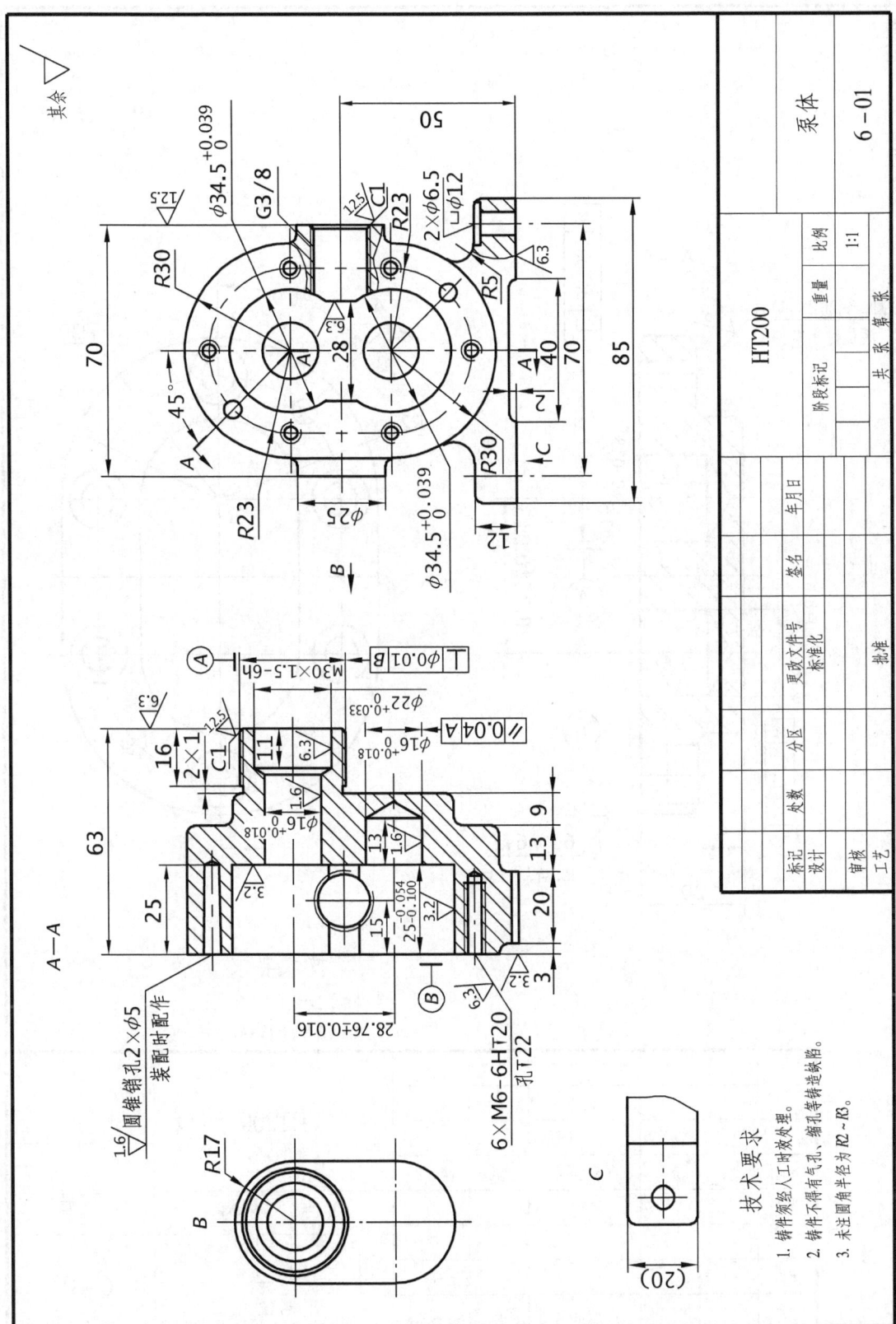

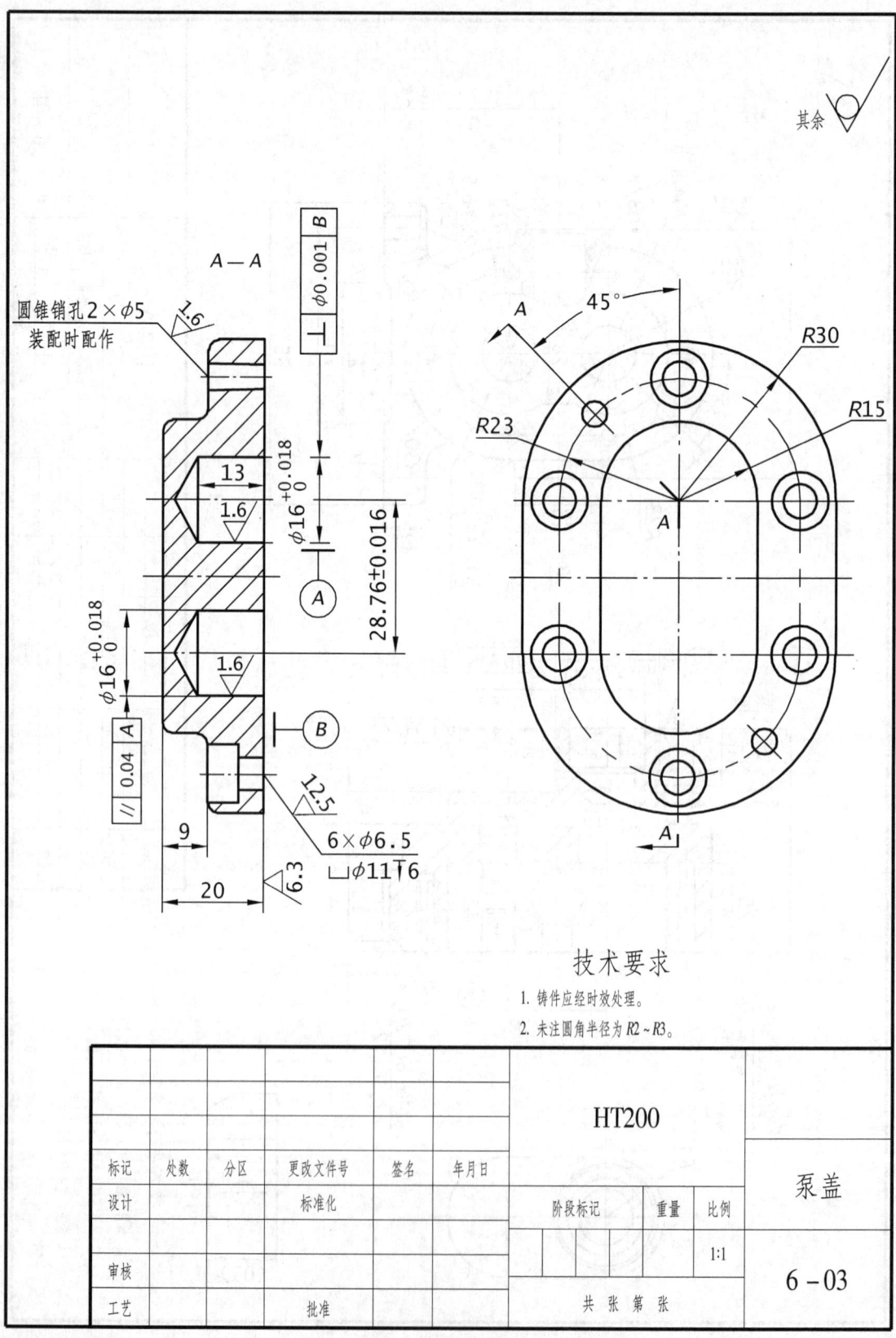

模数	m	3
齿数	z	9
齿形角	α	20°
精度等级		8-7-7HK GB/T10095—2001

其余

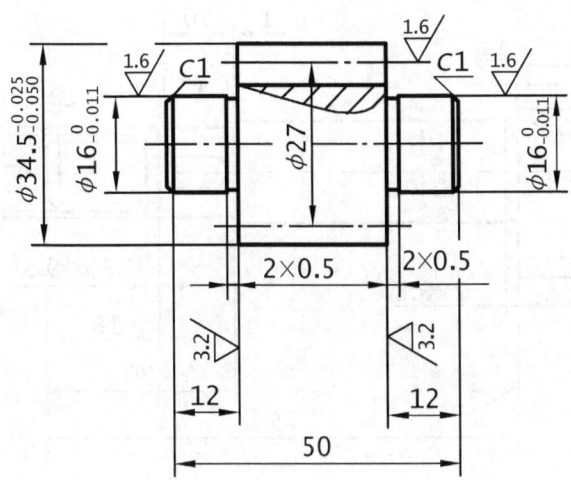

技术要求

1. 调质处理：241～262HB。
2. 未注倒角 C2。

45

齿轮轴

1:1

6-04

模数	m	3
齿数	z	9
齿形角	α	20°
精度等级		8-7-7HK GB/T10095—2001

其余

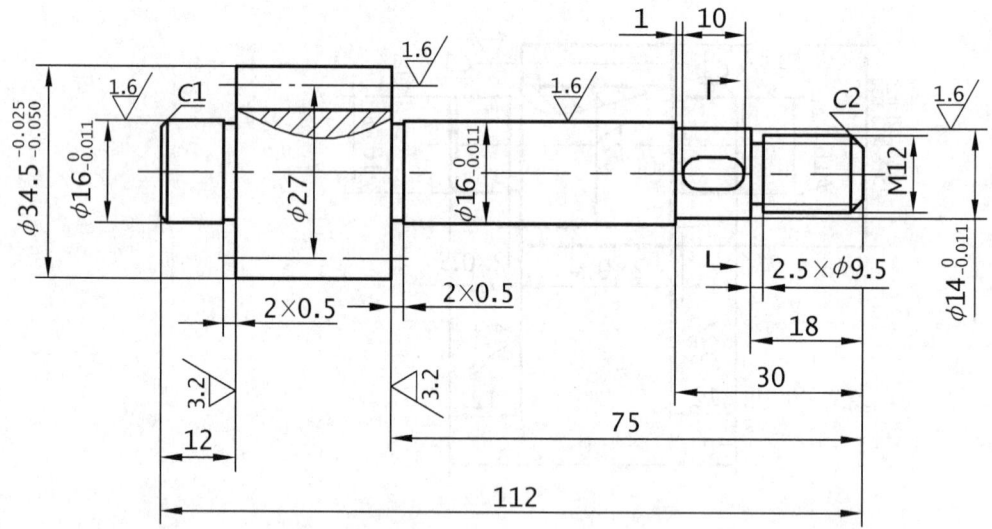

技术要求
1. 调质处理：241~262HB。
2. 未注倒角为C2。

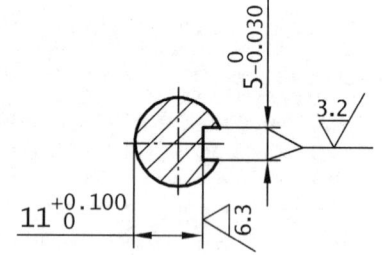

45

齿轮轴

1:1

6-05

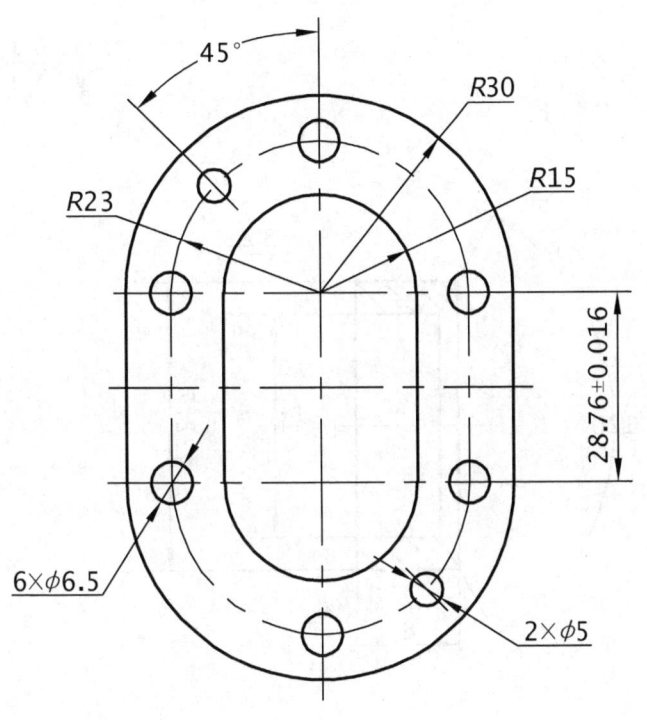

其余

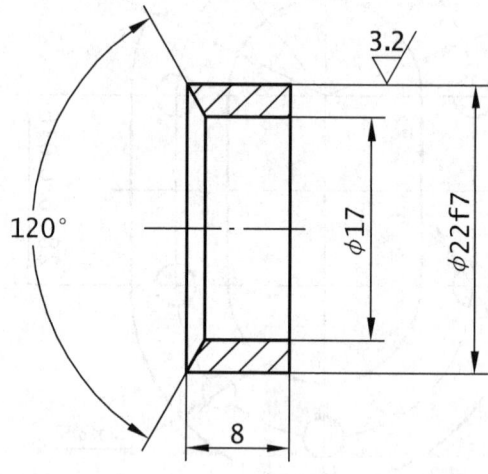

							ZQSn6-6-3			压紧套
标记	处数	分区	更改文件号	签名	年月日		阶段标记	重量	比例	
设计			标准化							
									2:1	
审核										6-09
工艺			批准				共 张 第 张			

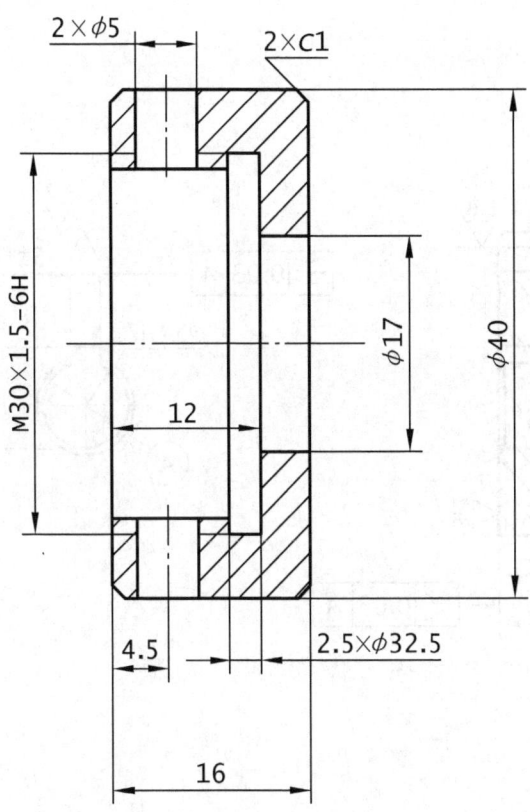

压紧螺母

35

2:1

6-10

模数	m	2.5
齿数	z	20
齿形角	α	20°
精度等级		8-7-7HK GB/T10095—2001

其余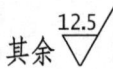

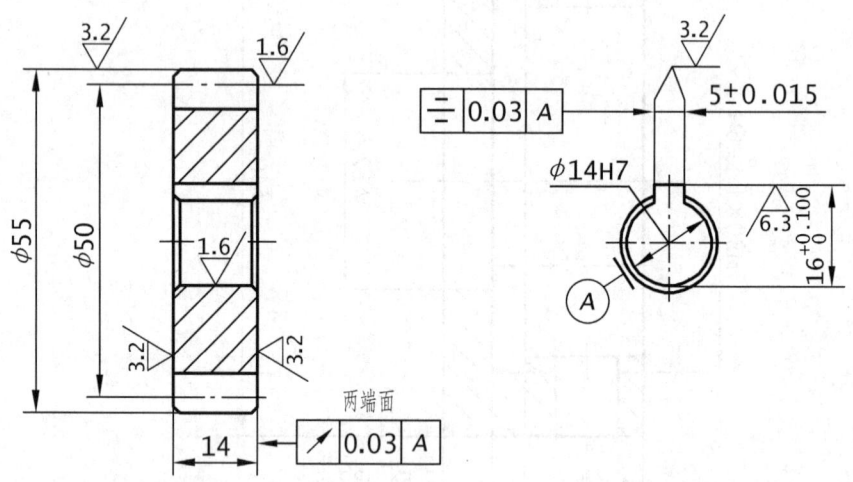

技术要求

1. 调质处理：220~250HB。
2. 未注倒角为C1。

45

齿轮

1:1

6-11

实训七　绘制铣刀头架装配图

一、**实训内容**

绘制铣刀头架装配图。

二、**实训目的**

通过绘制铣刀头架装配图，进一步掌握绘制装配图的方法和步骤。掌握图形文件之间的调用和插入的方法。

三、**实训步骤及要求**

1. 绘图前要看懂铣刀头架装配图，进入 Auto CAD，设置绘图环境。

2. 先绘制铣刀头架装配图中的各零件图，编号存盘。

3. 建立新图，设置绘图环境，（建图层、线型、线宽、颜色，设置文字样式、尺寸样式）。绘制图幅和边框，标题栏和明细栏。

4. 布图。在点画线层定位。

5. 按照徒手绘制铣刀头架装配图的顺序逐一装配（利用绘制好的铣刀头架零件图在图形文件之间复制、插入、逐一装配，或在同一显示屏上绘制简单零件图的视图，用旋转和移动命令进行装配）。注意各图形之间比例关系的统一。

6. 对铣刀头架装配图中装配的各零件图进行修改（判别可见性、剖面符号的正确处理等）。

7. 很小的简单零件图可直接在装配图中画出。

8. 标注必要的尺寸。

9. 编写零件序号，注写技术要求。

10. 填写标题栏和明细栏。

11. 绘制铣刀头架装配图全部完成后，赋名存盘，退出 Auto CAD。

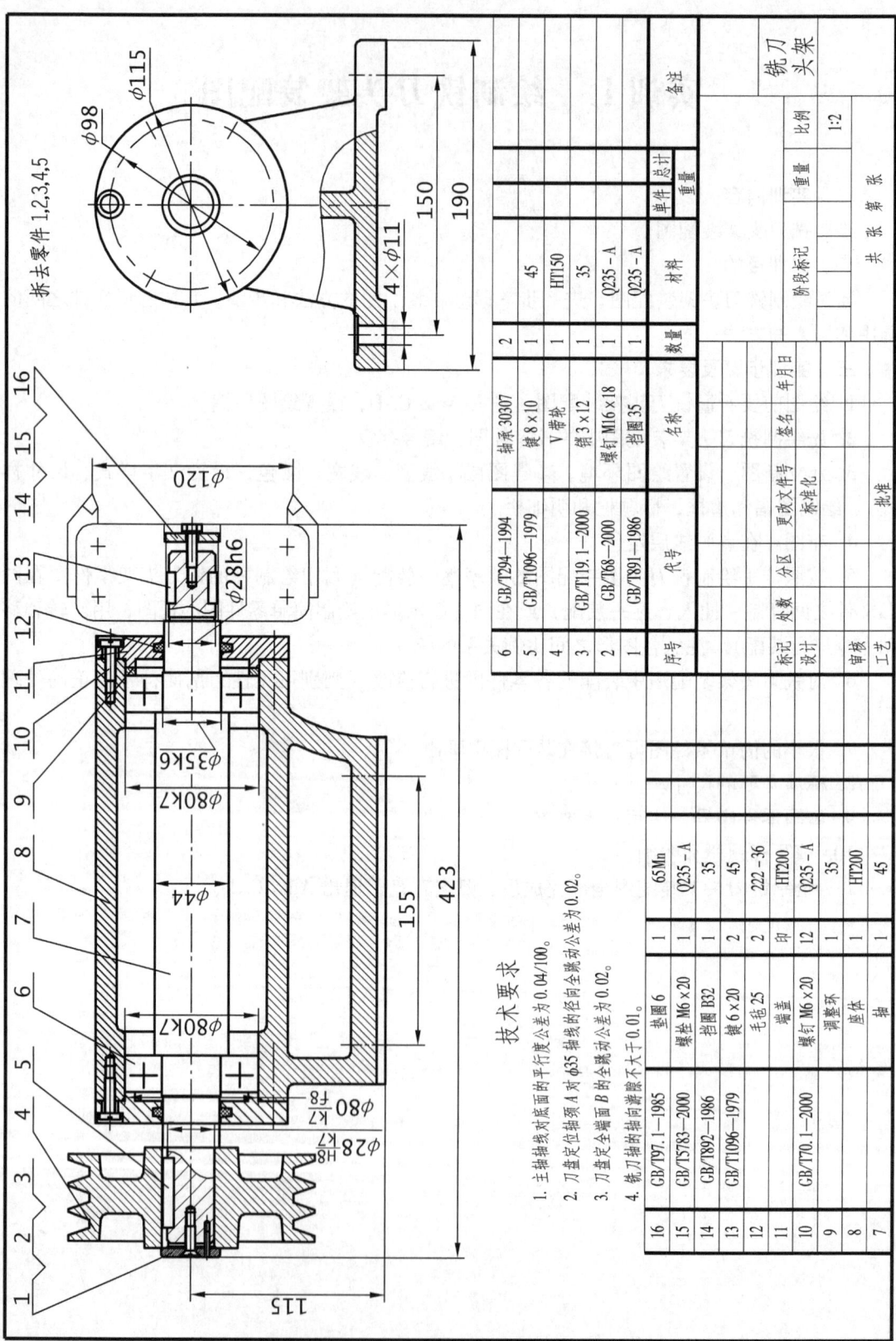

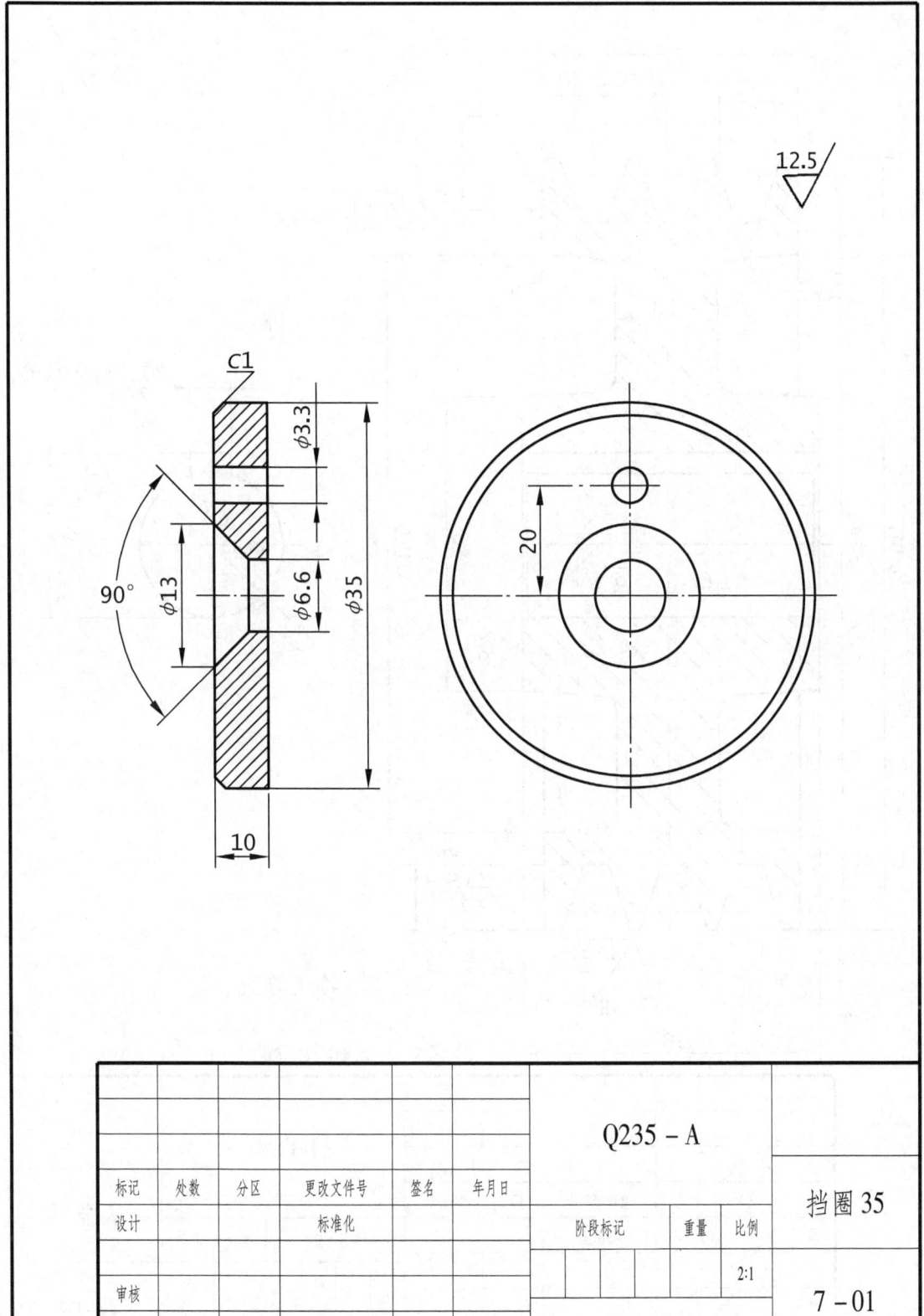

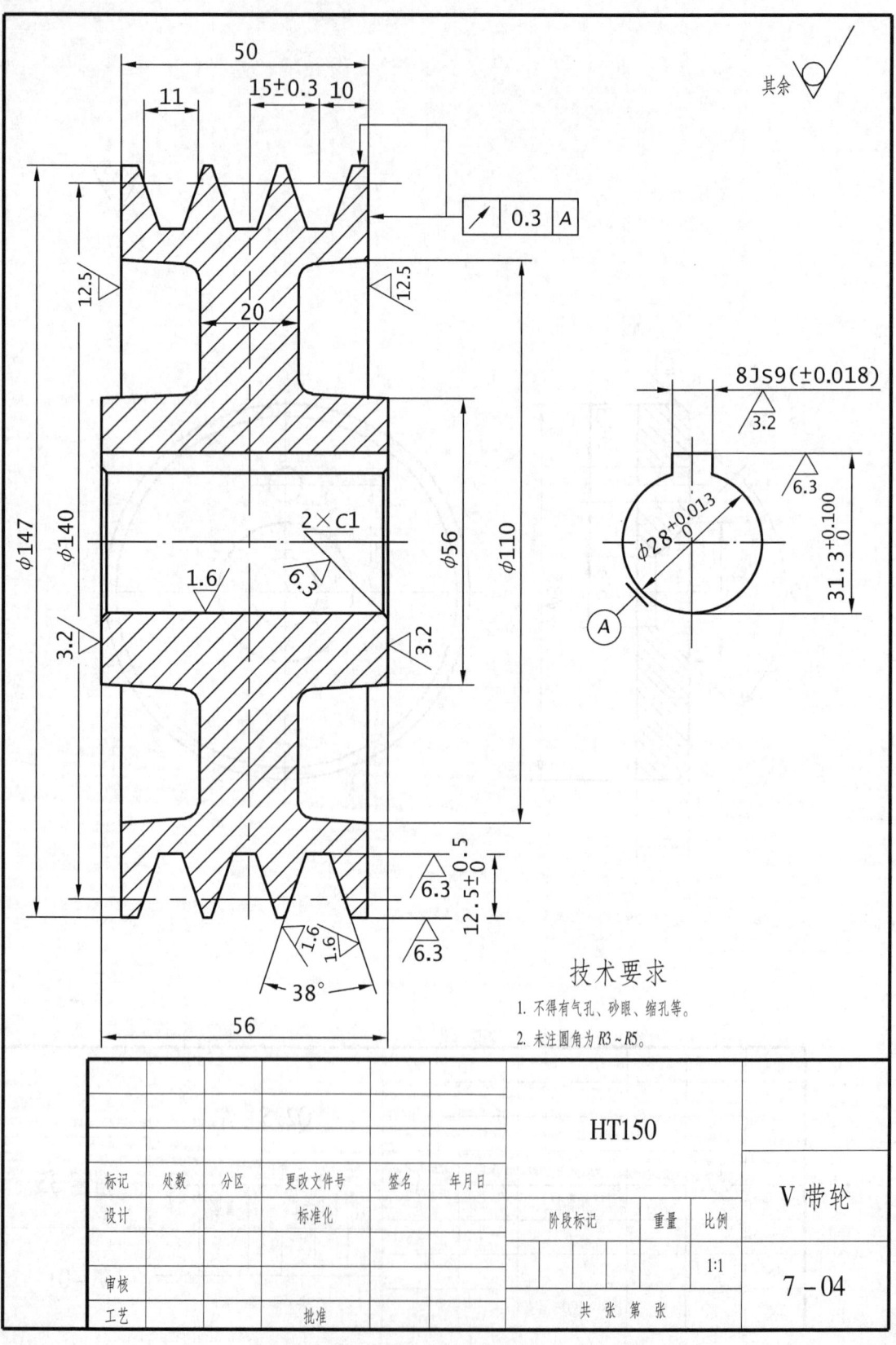

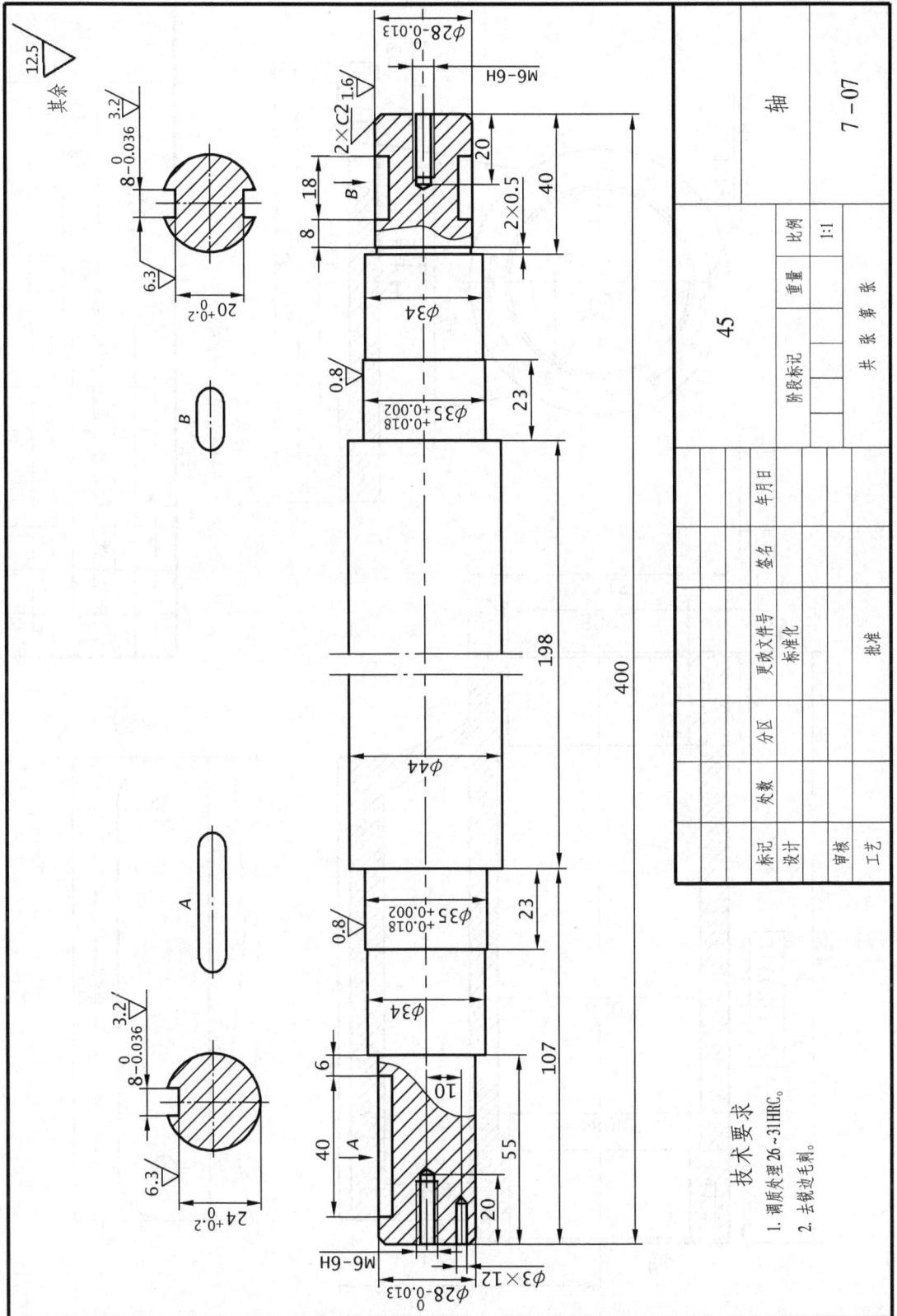

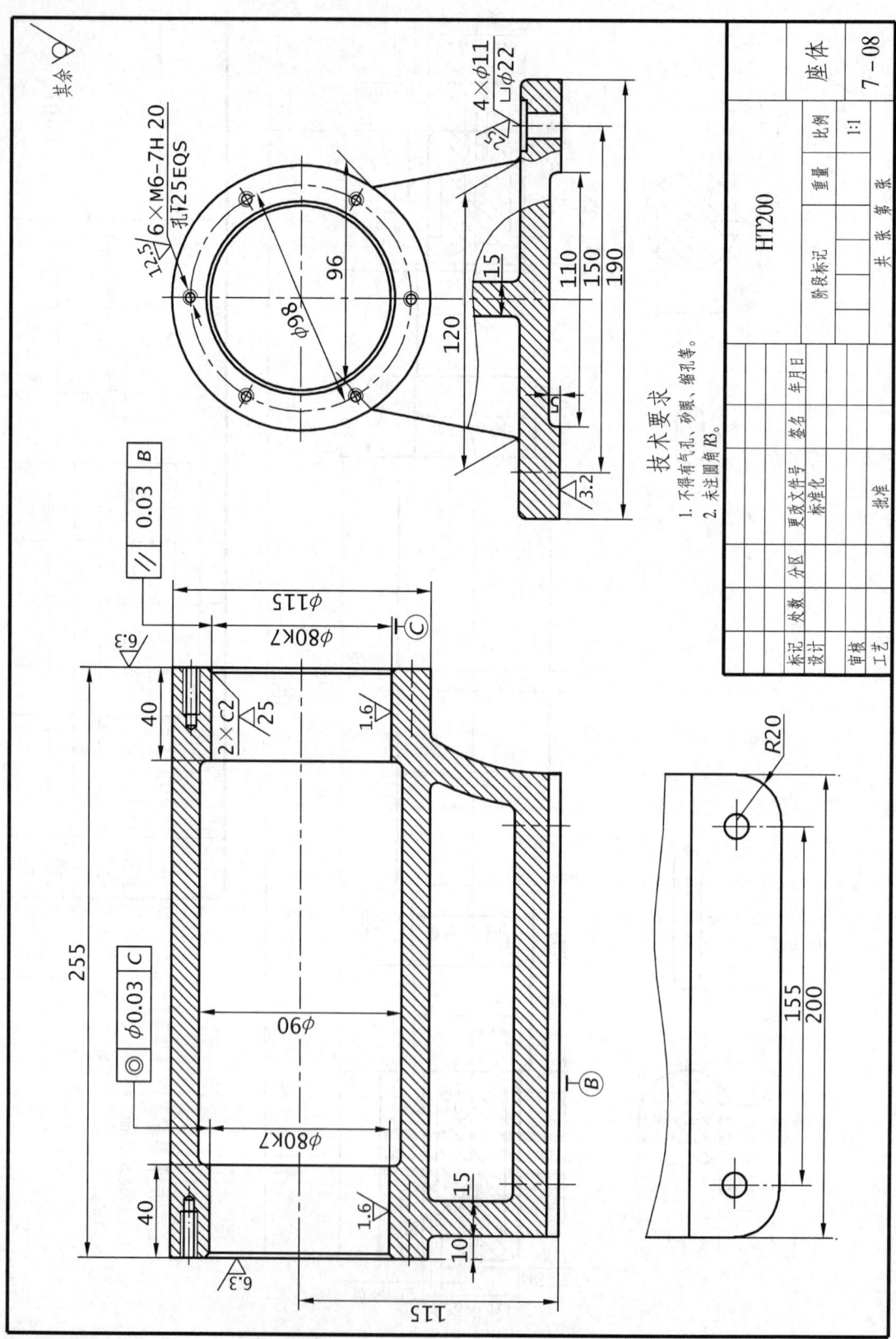

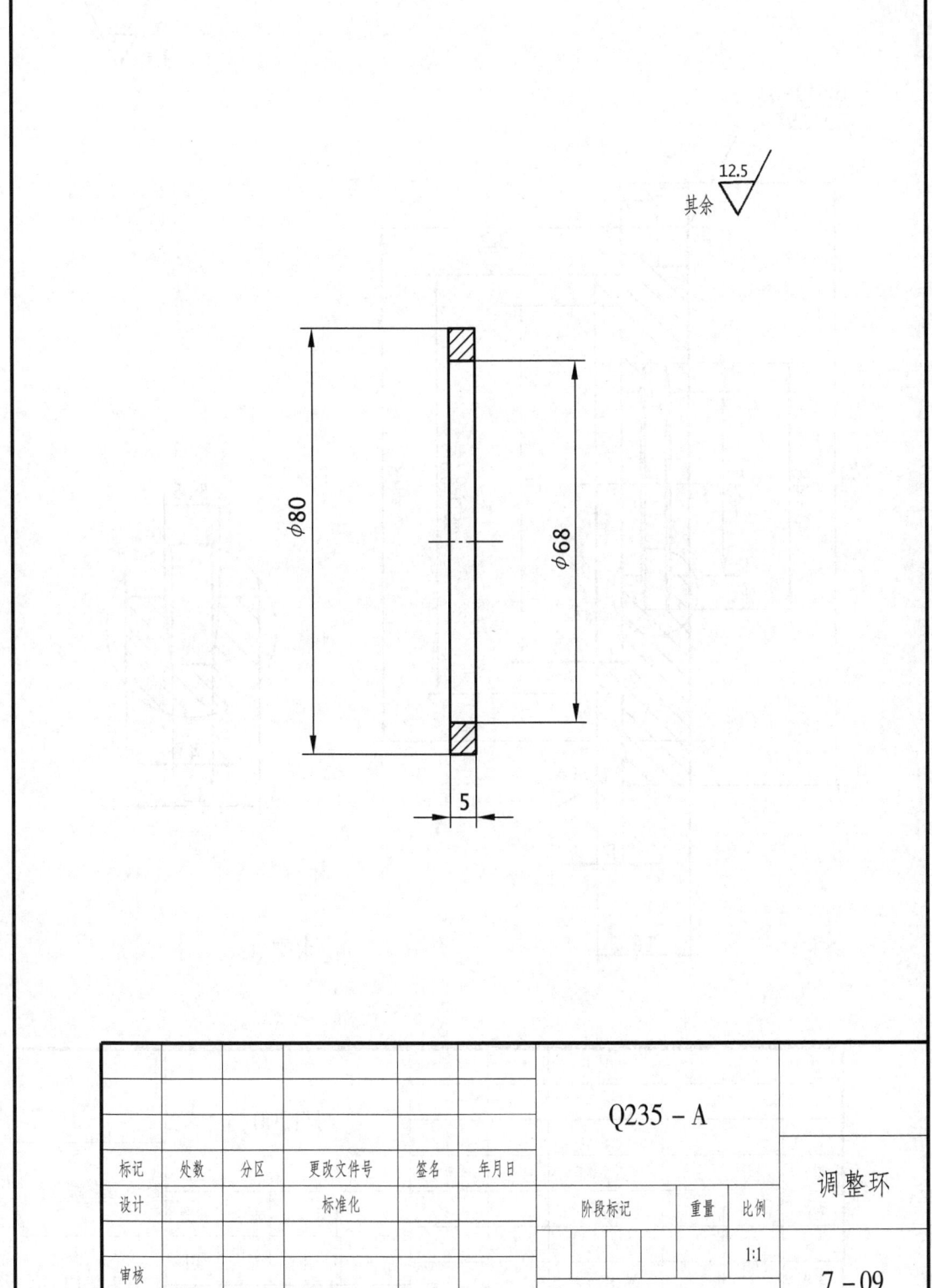

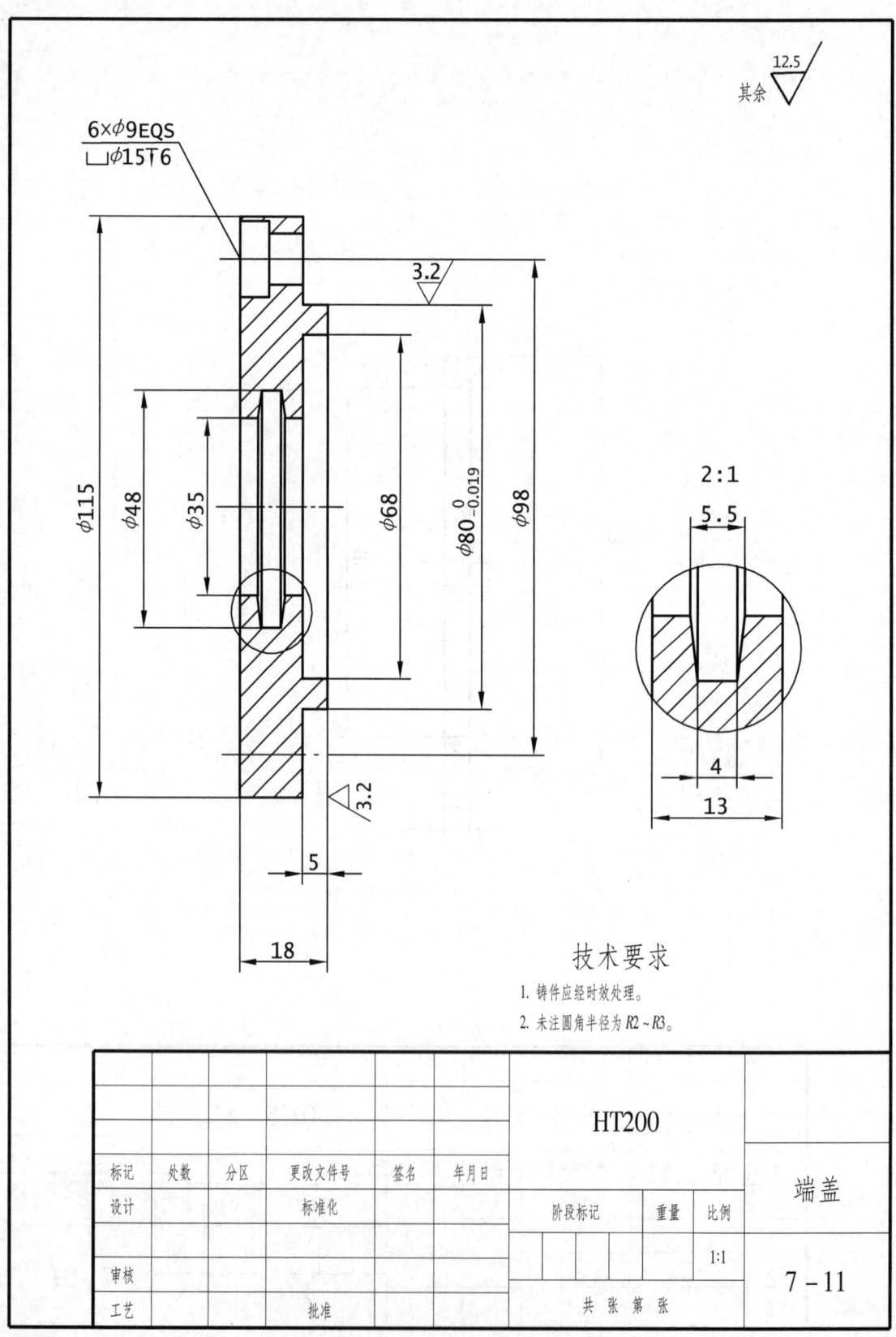

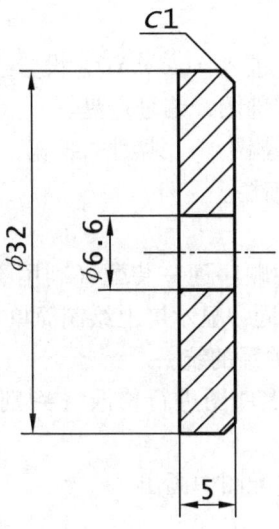

						35			挡圈 B32	
标记	处数	分区	更改文件号	签名	年月日					
设计			标准化			阶段标记	重量	比例		
								2:1		
审核									7-14	
工艺			批准			共 张 第 张				

实训八　绘制减速器装配图

一、实训内容

绘制减速器装配图。

二、实训目的

通过绘制减速器装配图，进一步掌握绘制装配图的方法和步骤。掌握图形文件之间的调用和插入的方法。

三、实训步骤及要求

1. 绘图前要看懂减速器装配图，进入 Auto CAD，设置绘图环境。

2. 先绘制减速器装配图中的各零件图，编号存盘。

3. 建立新图，设置绘图环境（建图层、线型、线宽、颜色，设置文字样式、尺寸样式）。绘制图幅和边框，标题栏和明细栏。

4. 布图。在点画线层定位。

5. 按照徒手绘制减速器装配图的顺序逐一装配（利用绘制好的减速器零件图在图形文件之间复制、插入、逐一装配，或在同一显示屏上绘制简单零件图的视图，用旋转和移动命令进行装配）。注意各图形之间比例关系的统一。

6. 对减速器装配图中装配的各零件图进行修改（判别可见性、剖面符号的正确处理等）。

7. 很小的简单零件图可直接在装配图中画出。

8. 标注必要的尺寸。

9. 编写零件序号，注写技术要求。

10. 填写标题栏和明细栏。

11. 减速装配图全部绘制完成后，赋名存盘，退出 Auto CAD。

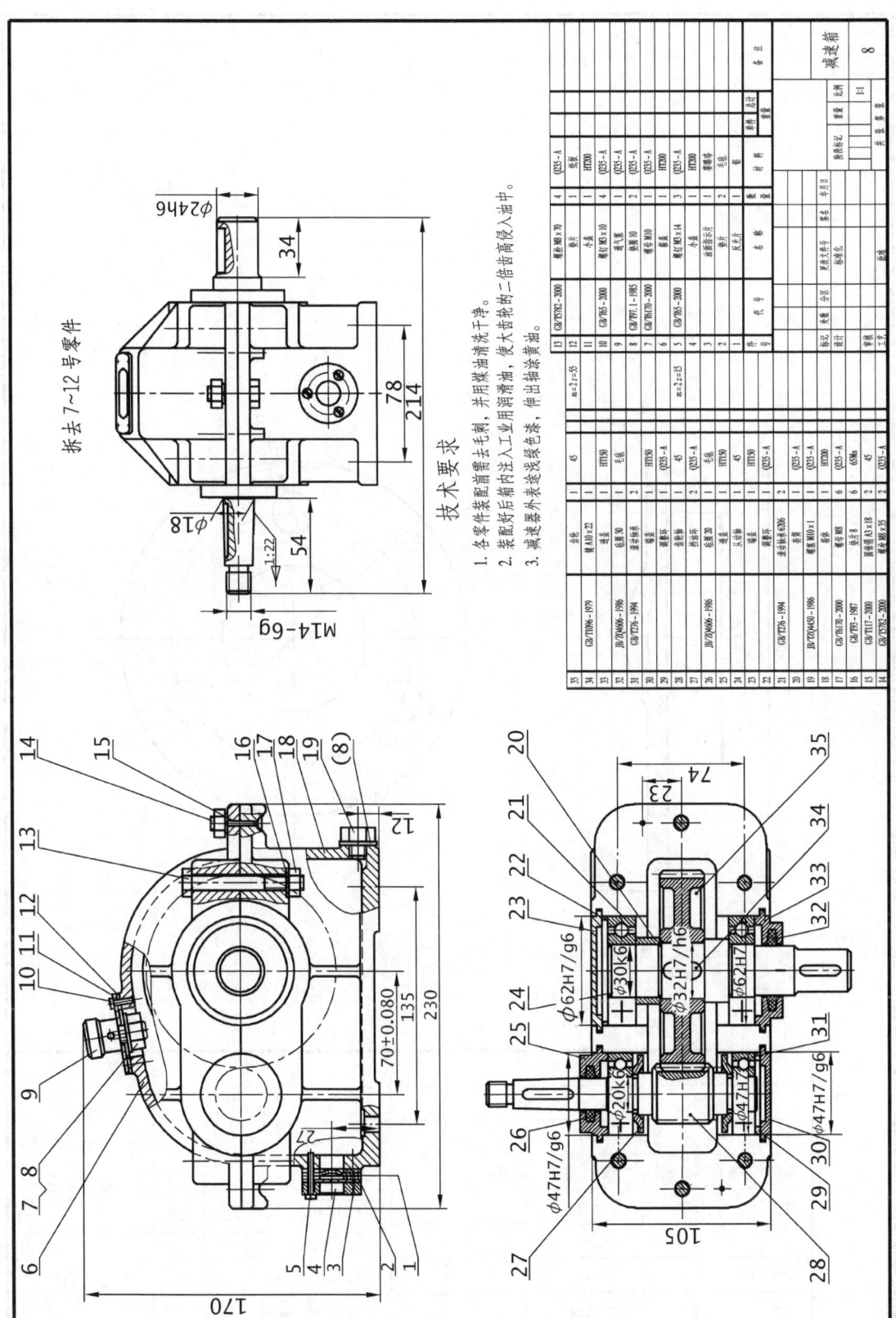

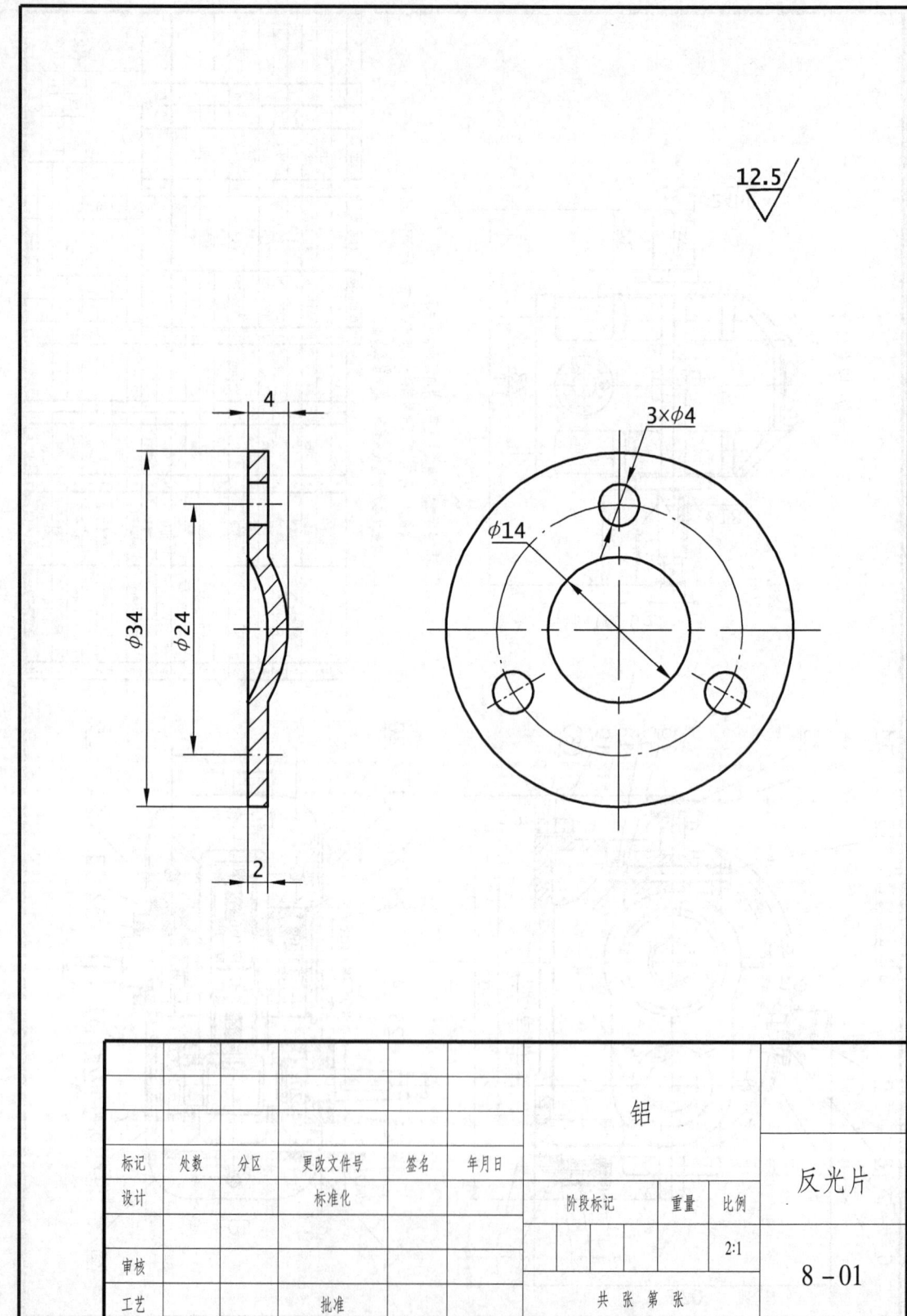

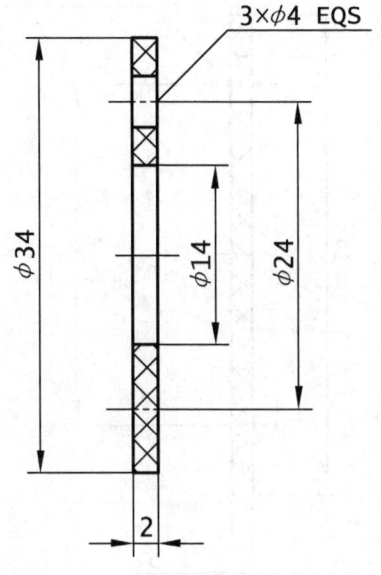

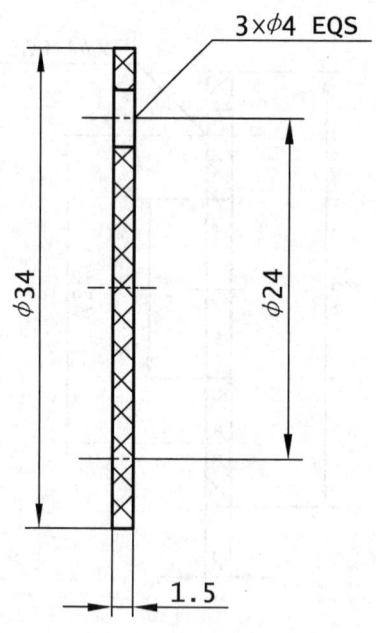

赛璐珞

油面指示片

2:1

8-03

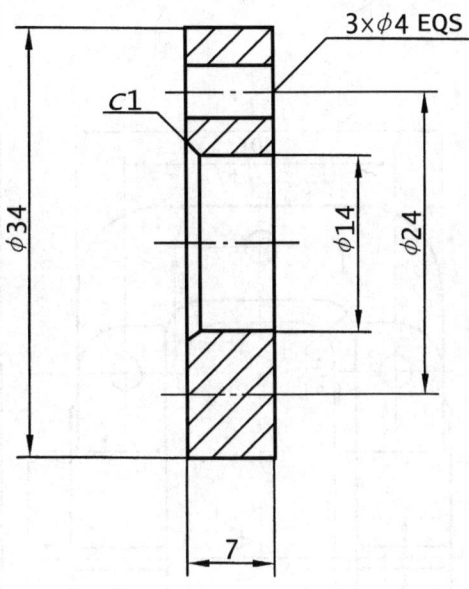

						HT200			小盖
标记	处数	分区	更改文件号	签名	年月日				
设计			标准化			阶段标记	重量	比例	
								2:1	8-04
审核									
工艺			批准			共 张 第 张			

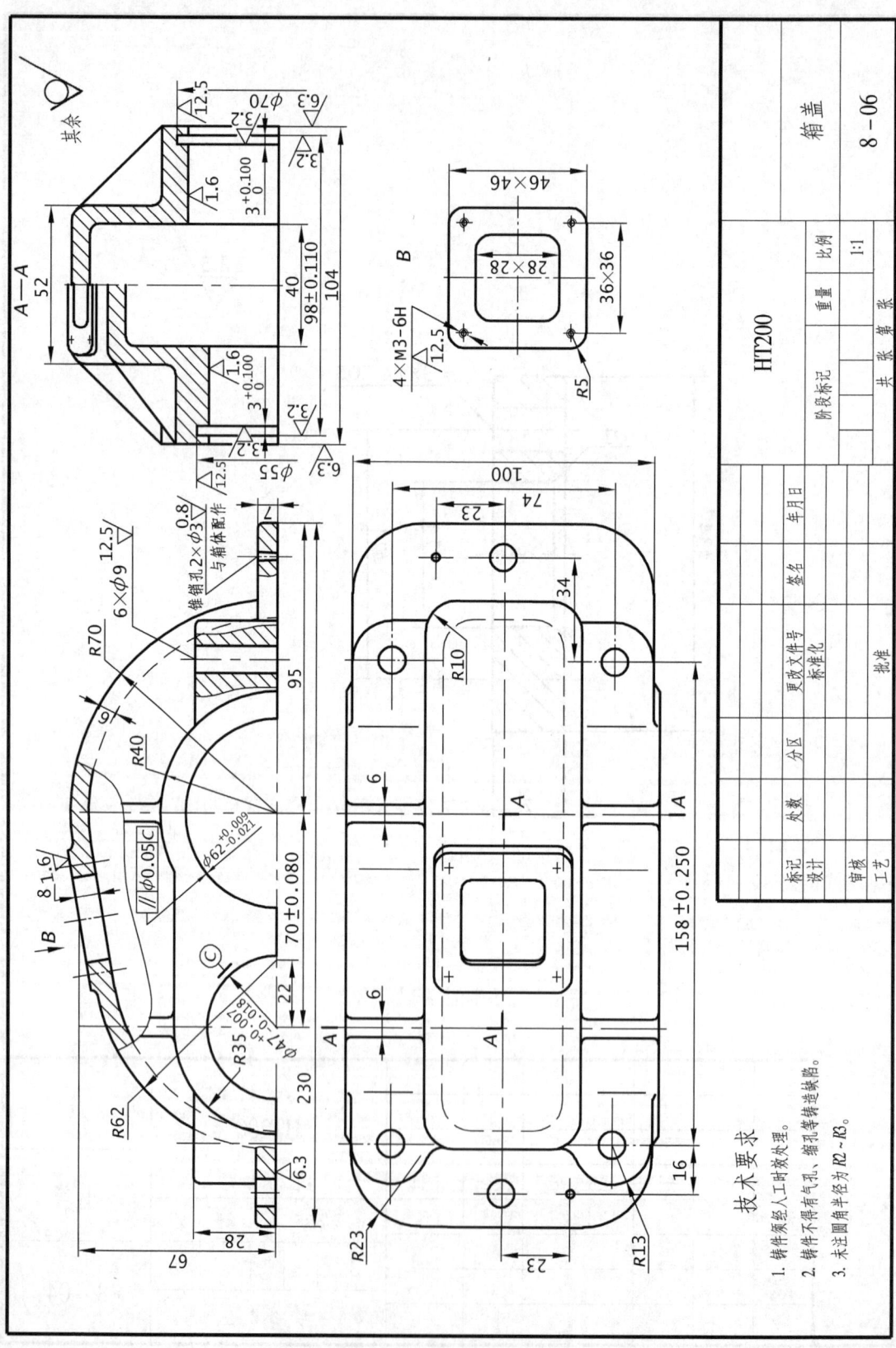

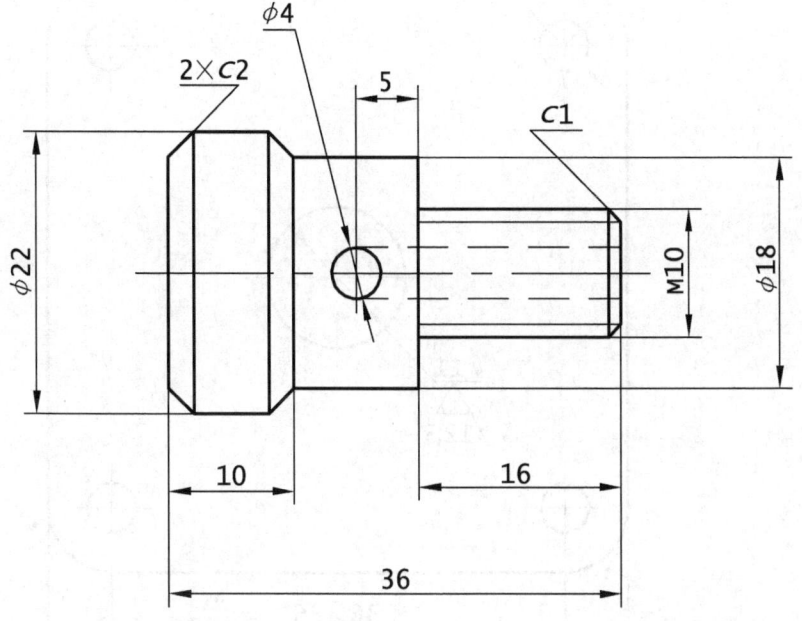

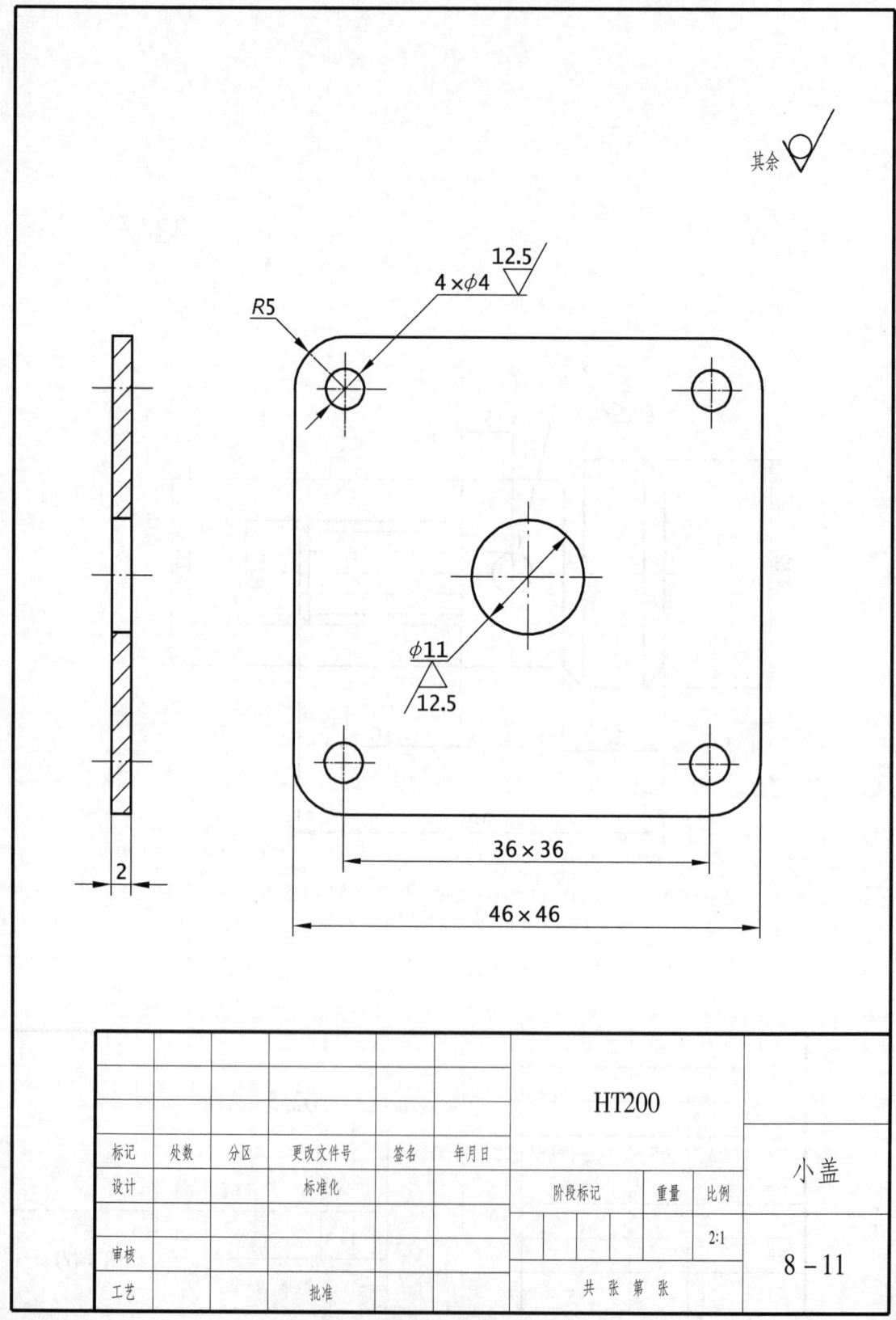

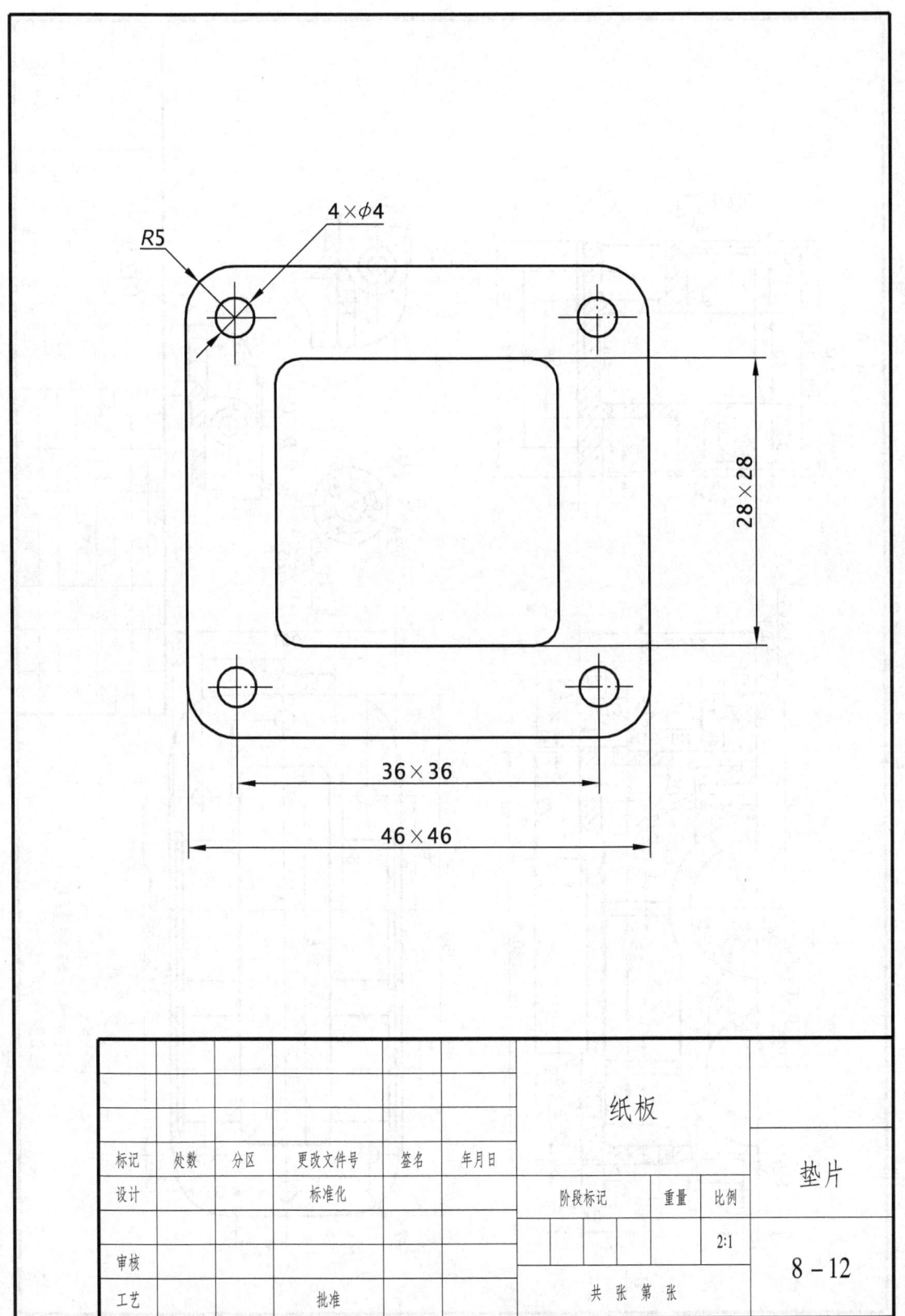

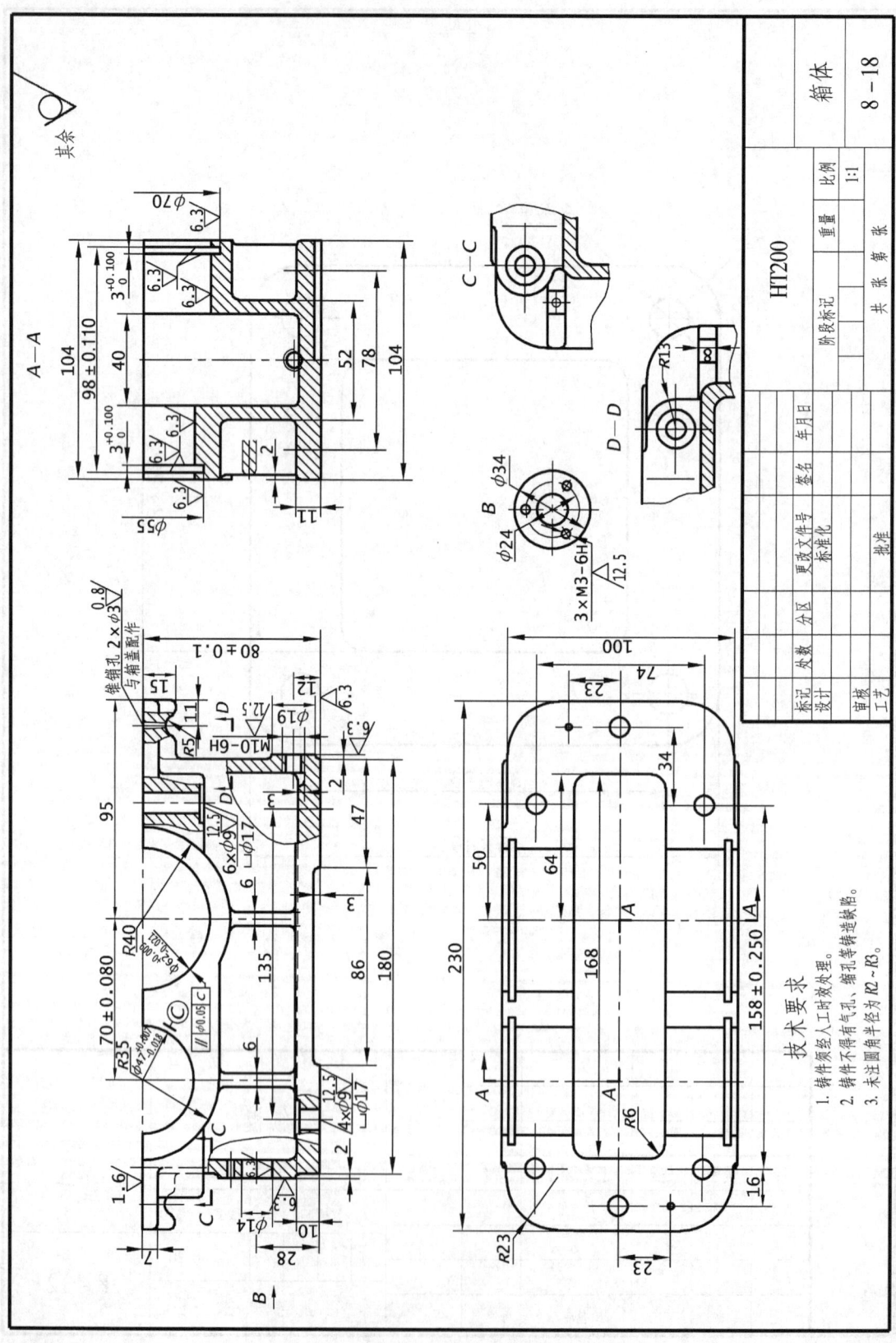

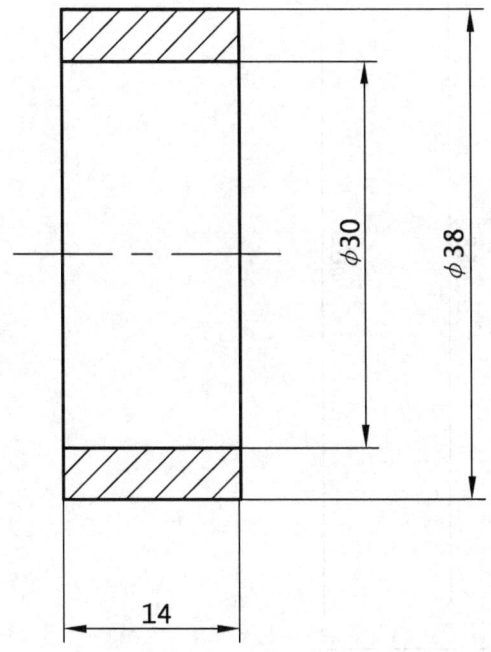

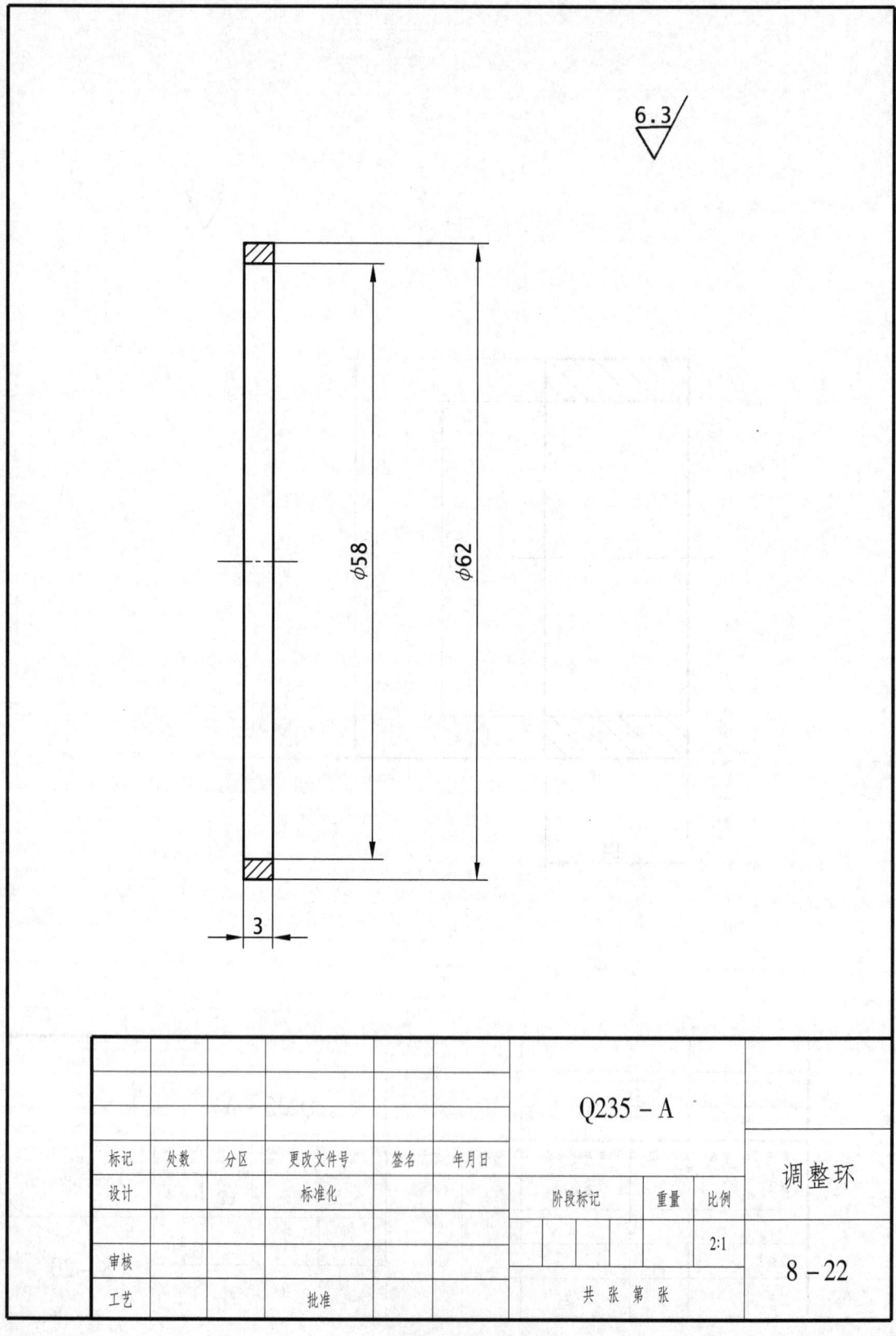

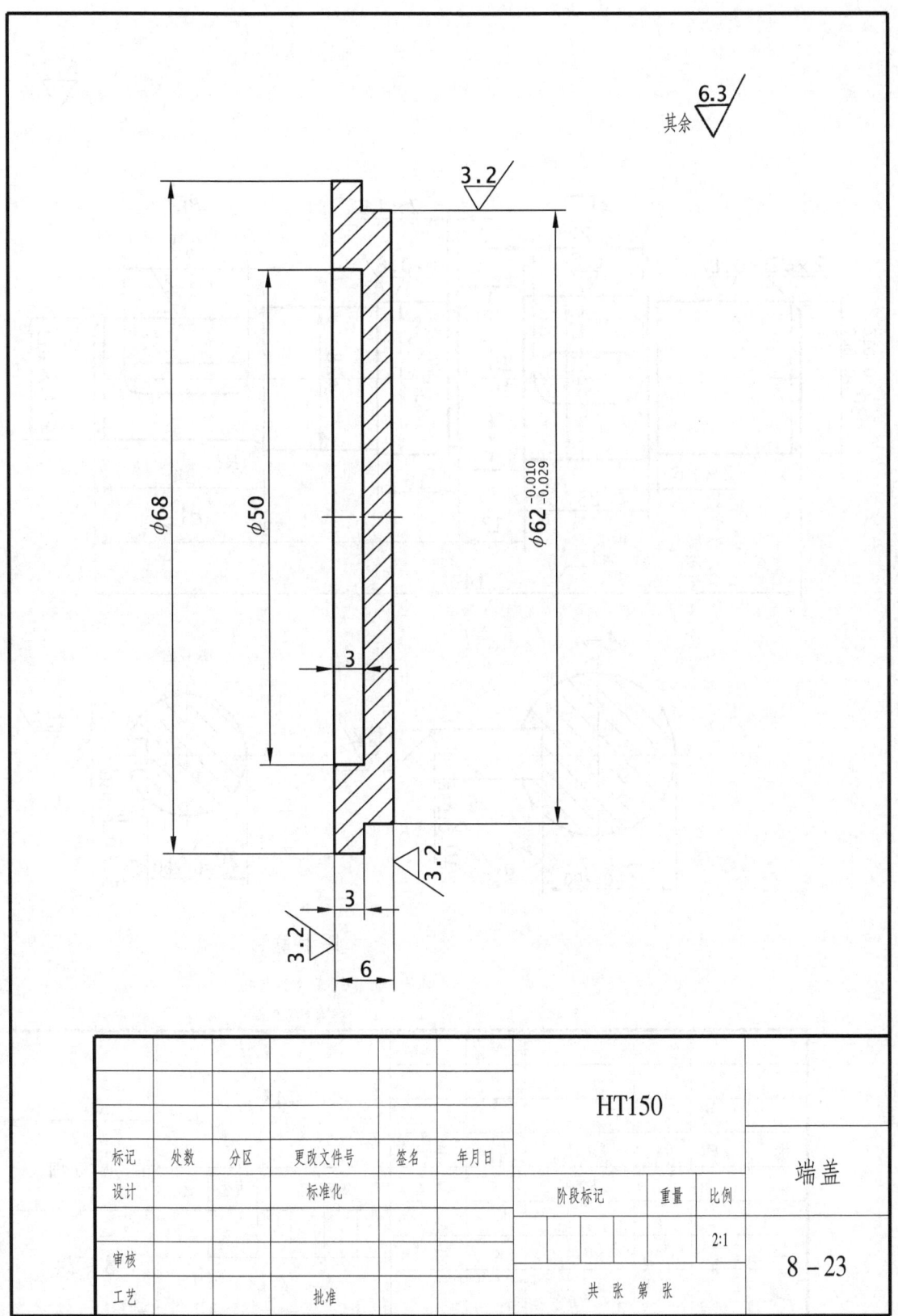

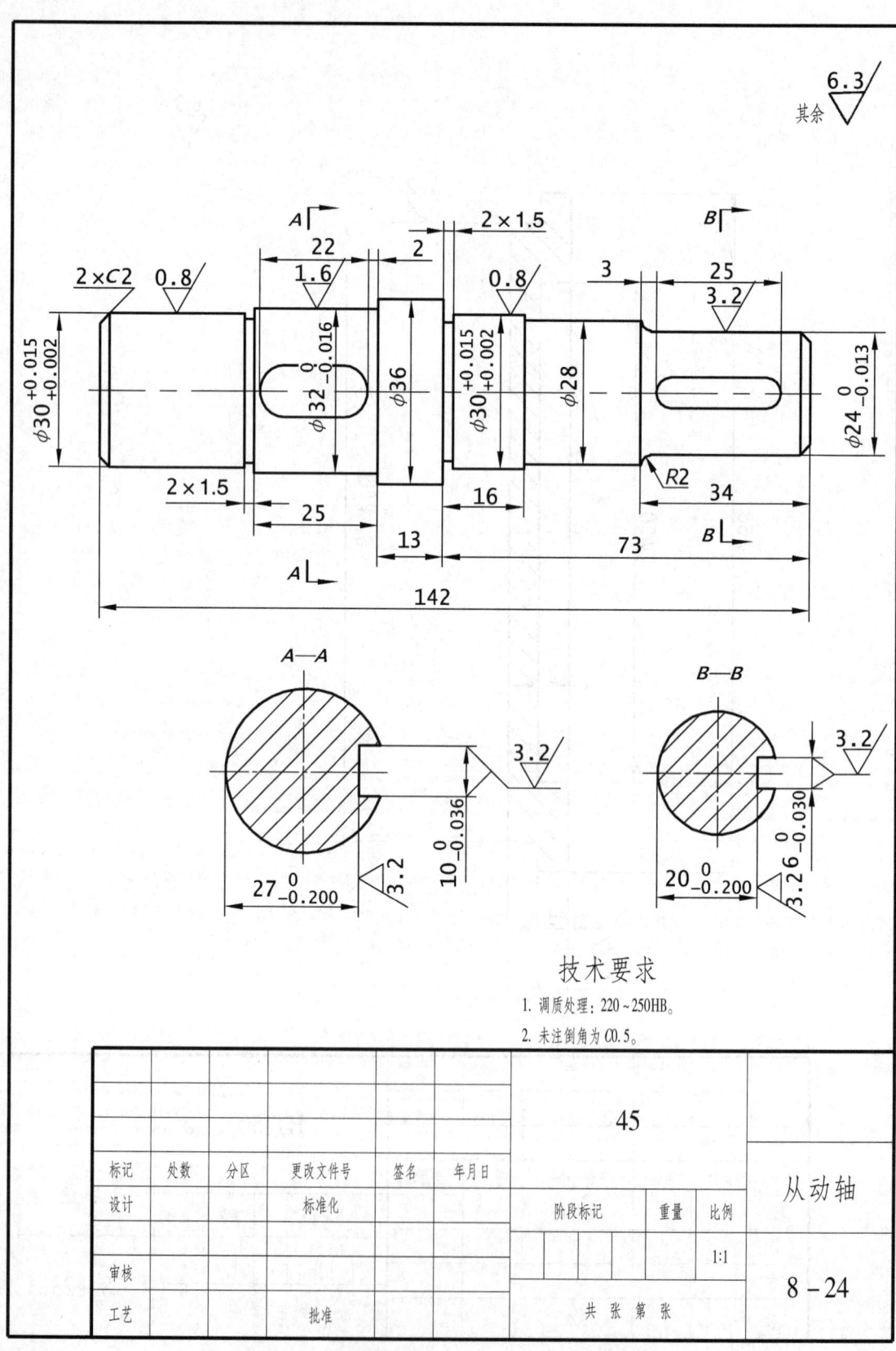

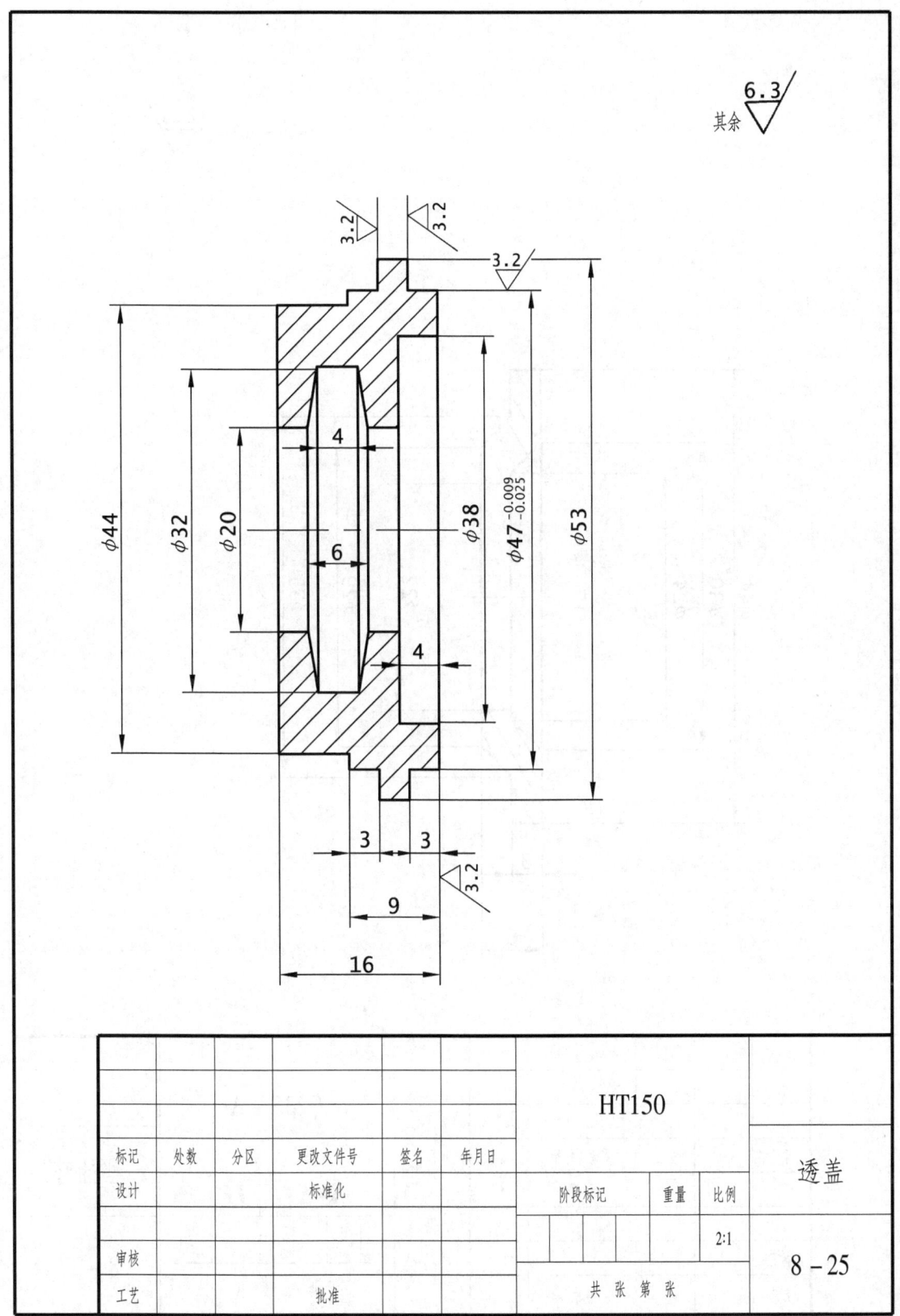

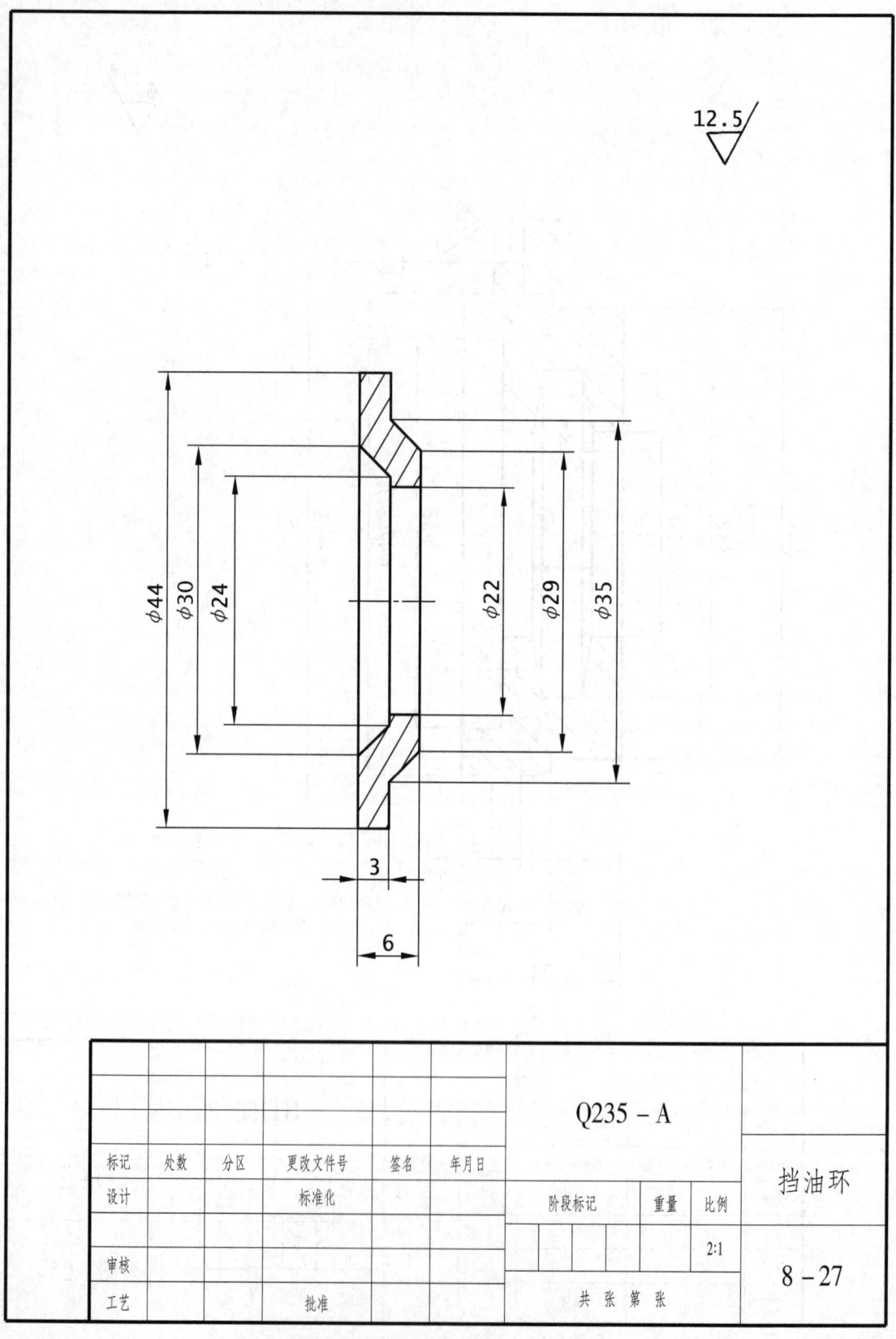

模数	m	2
齿数	z	15
齿形角	α	20°
精度等级		8-7-7HK GB/T10095—2001

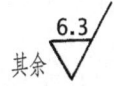

其余

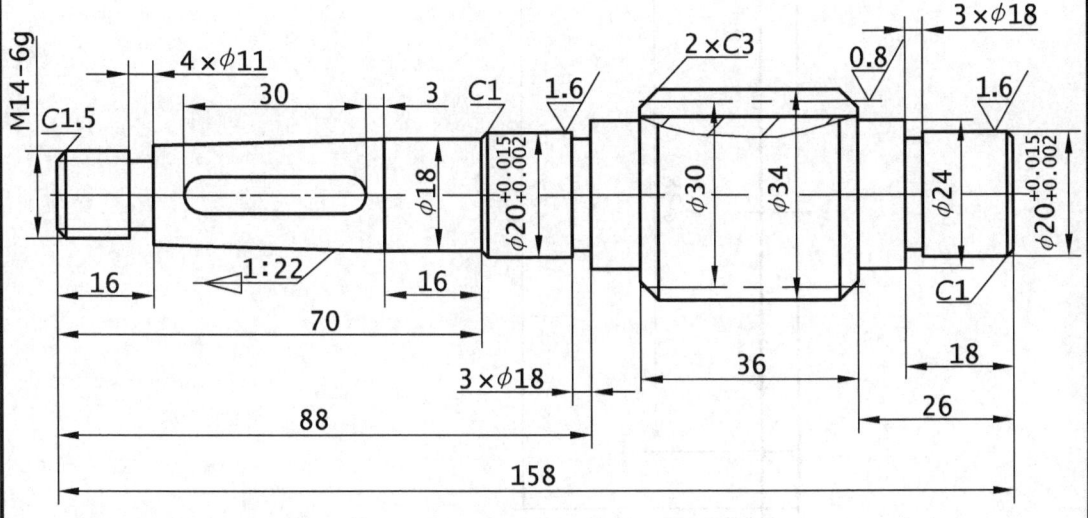

技术要求

调质处理：241~262HB。

							45			齿轮轴
标记	处数	分区	更改文件号	签名	年月日					
设计			标准化			阶段标记	重量	比例		
审核								1:1		8-28
工艺			批准			共张	第张			

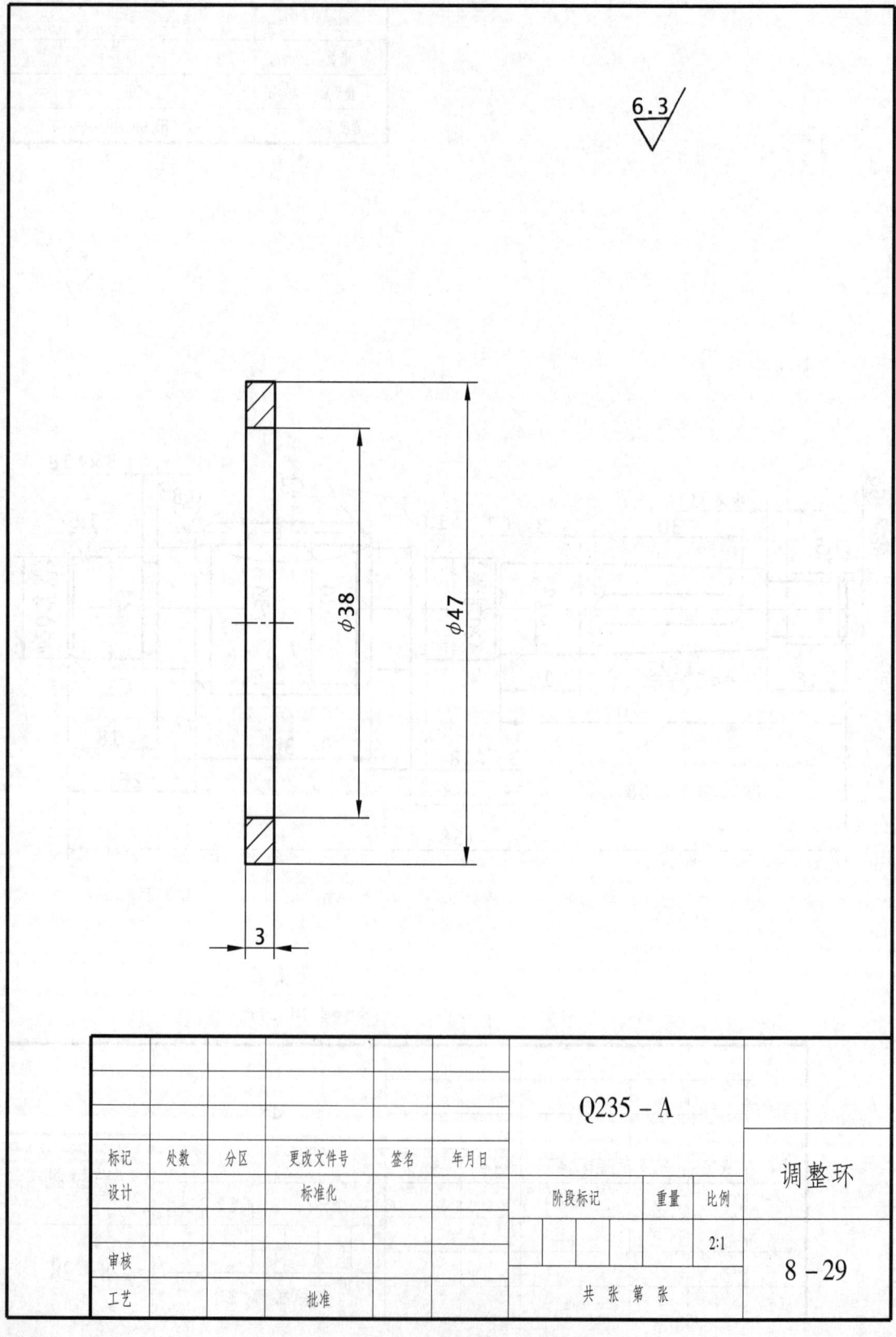

其余

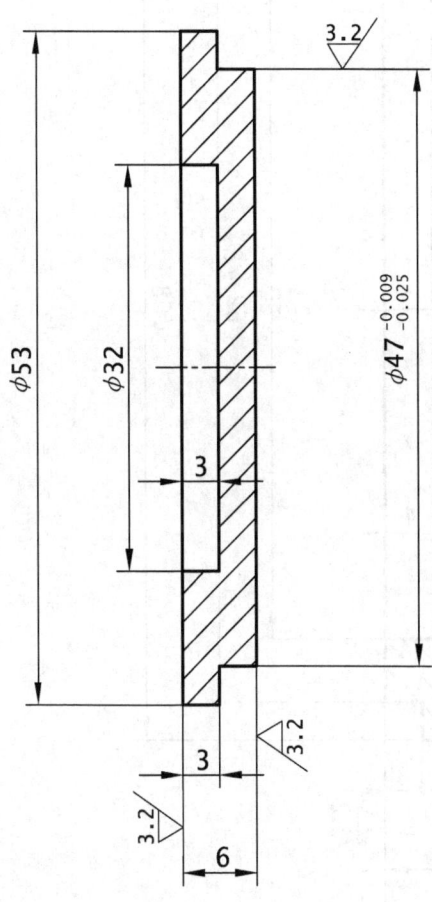

							HT150			端盖
标记	处数	分区	更改文件号	签名	年月日					
设计			标准化				阶段标记	重量	比例	
									2:1	
审核										8-30
工艺			批准				共 张 第 张			

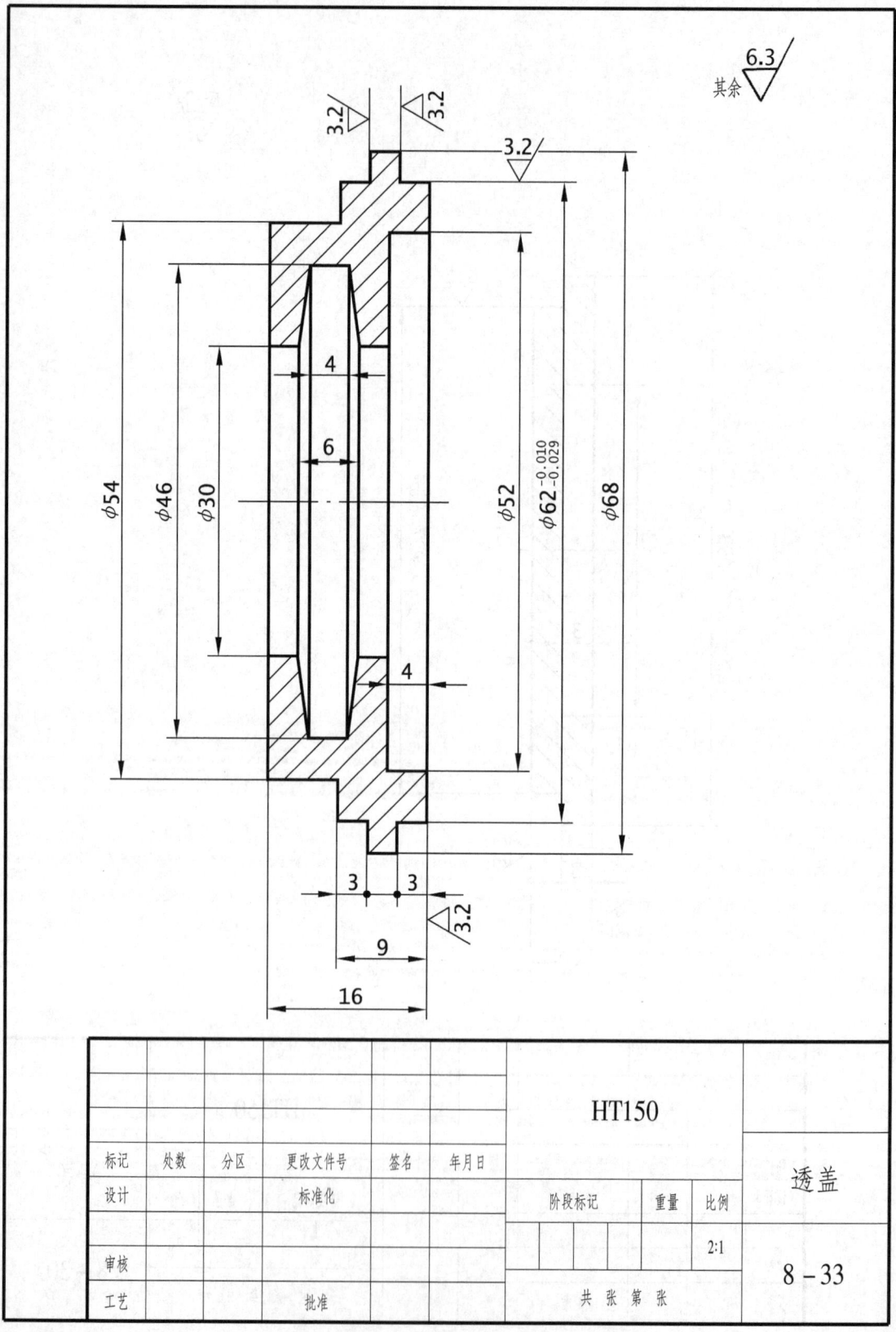

模数	m	2
齿数	z	55
齿形角	α	20°
精度等级		8-7-7HK GB/T10095—2001

其余

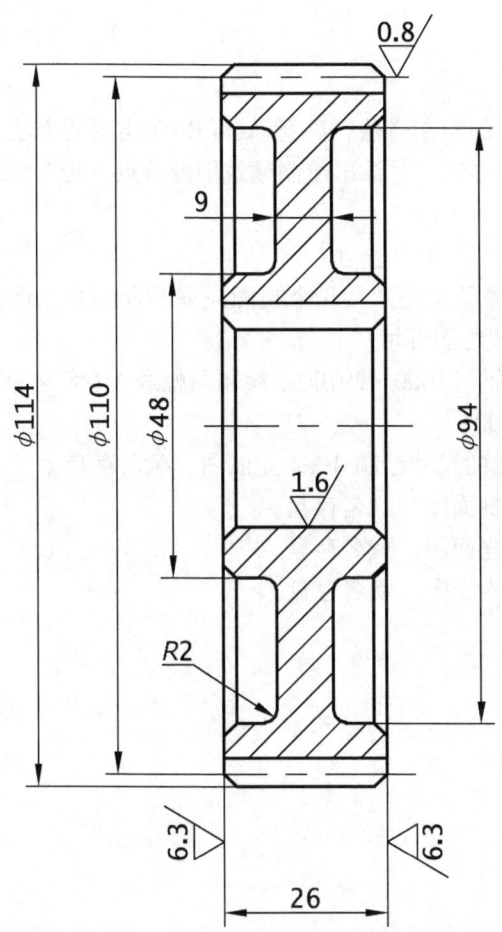

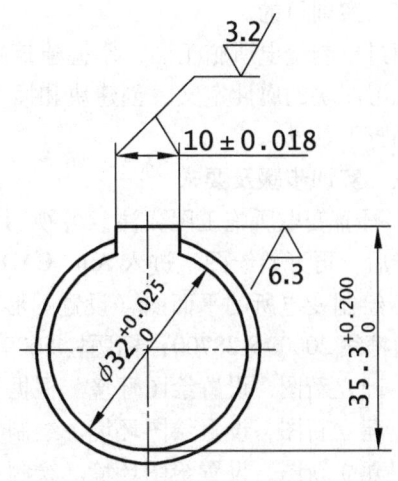

技术要求
1. 调质处理：241~262HB。
2. 未注倒角为C2。

45

齿轮

8-35

实训九　绘制变电所施工图

一、实训内容
绘制变电所施工图。

二、实训目的
通过绘制变电所施工图，掌握建筑施工图的绘制方法，熟悉 Auto CAD 绘图的方法及技巧。练习图块的属性定义、创建块和插入块的方法，总结出绘制建筑图的特点，为今后绘制建筑图打下基础。

三、实训步骤及要求
1. 看懂变电所施工图，注意各视图之间的尺寸关系。几个视图应联系起来看，读懂整套图样后，再开始绘图。进入 Auto CAD，设置绘图环境。

2. 绘制变电所的平面图（设置图形界限为：21000×29700；绘制图幅线 21000×29700；绘制边框线 20000×28700；标题栏 5600×18000）。

3. 建立新图，设置绘图环境。根据平面图的尺寸绘制 A—A 立面图。赋名存盘。

4. 建立新图，设置绘图环境。绘制 1—1 剖面图。赋名存盘。

5. 建立新图，设置绘图环境。绘制 1—1 立面图。赋名存盘。

6. 建立新图，设置绘图环境。绘制 3—3 立面图。赋名存盘。

7. 退出 Auto CAD。

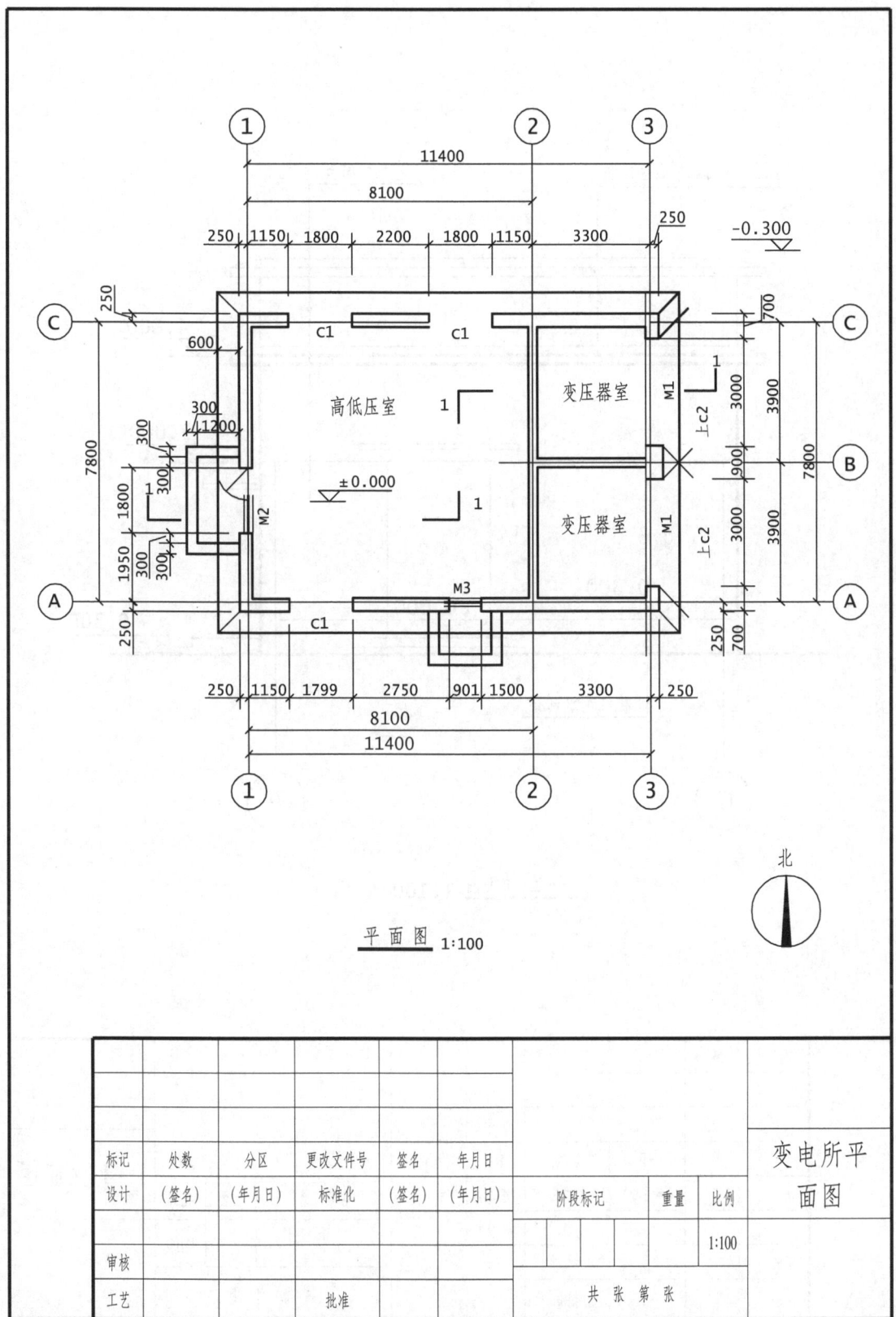

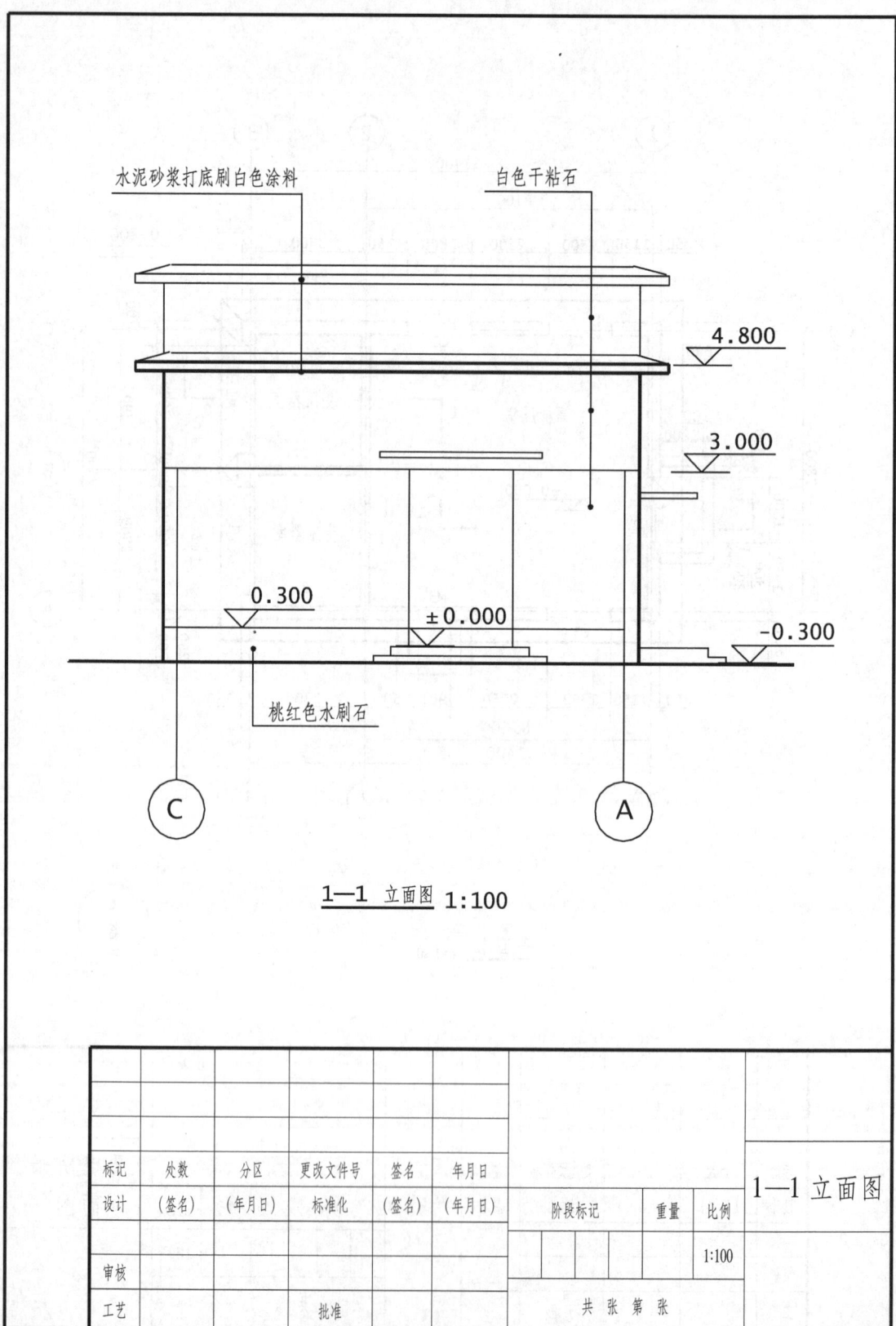

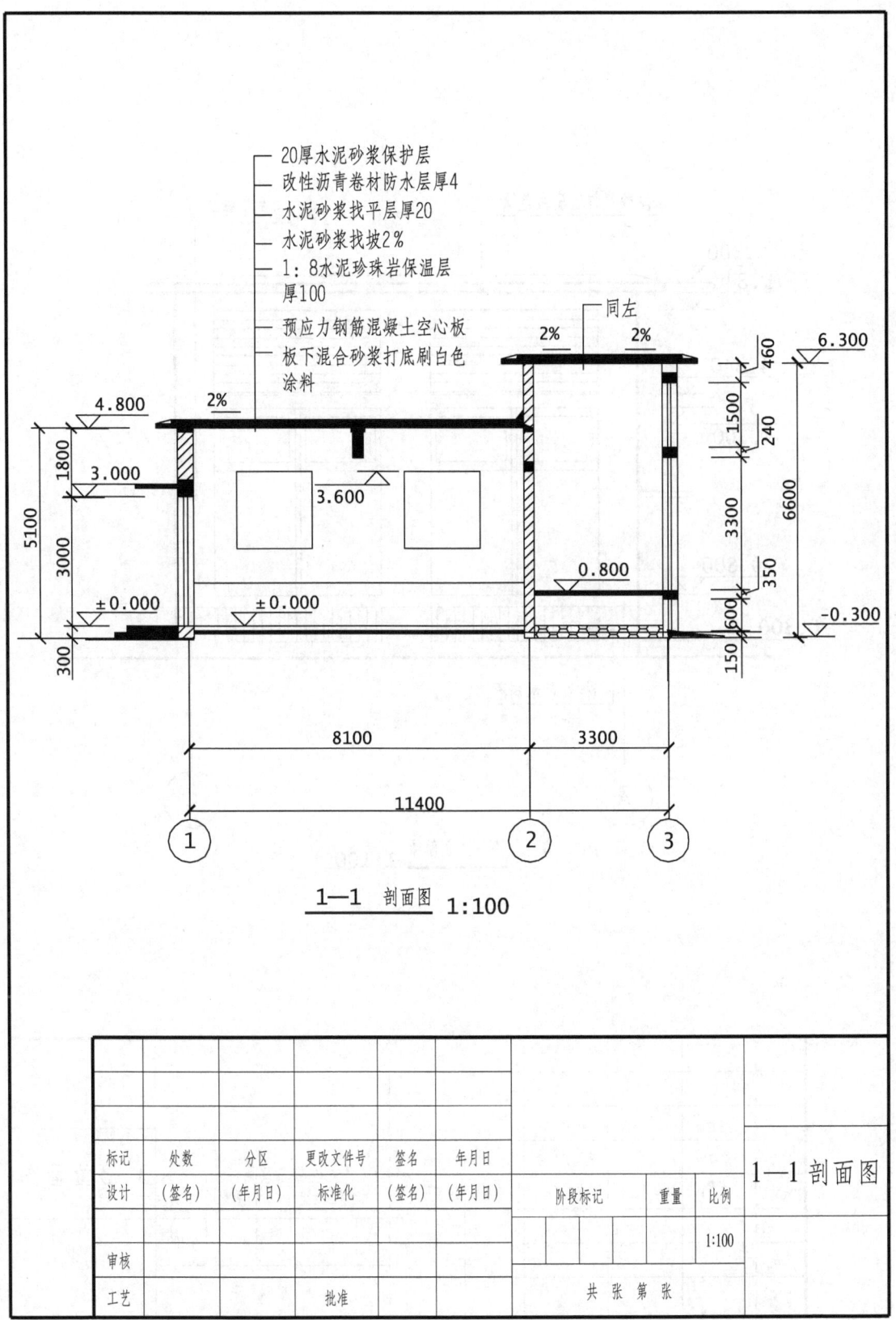

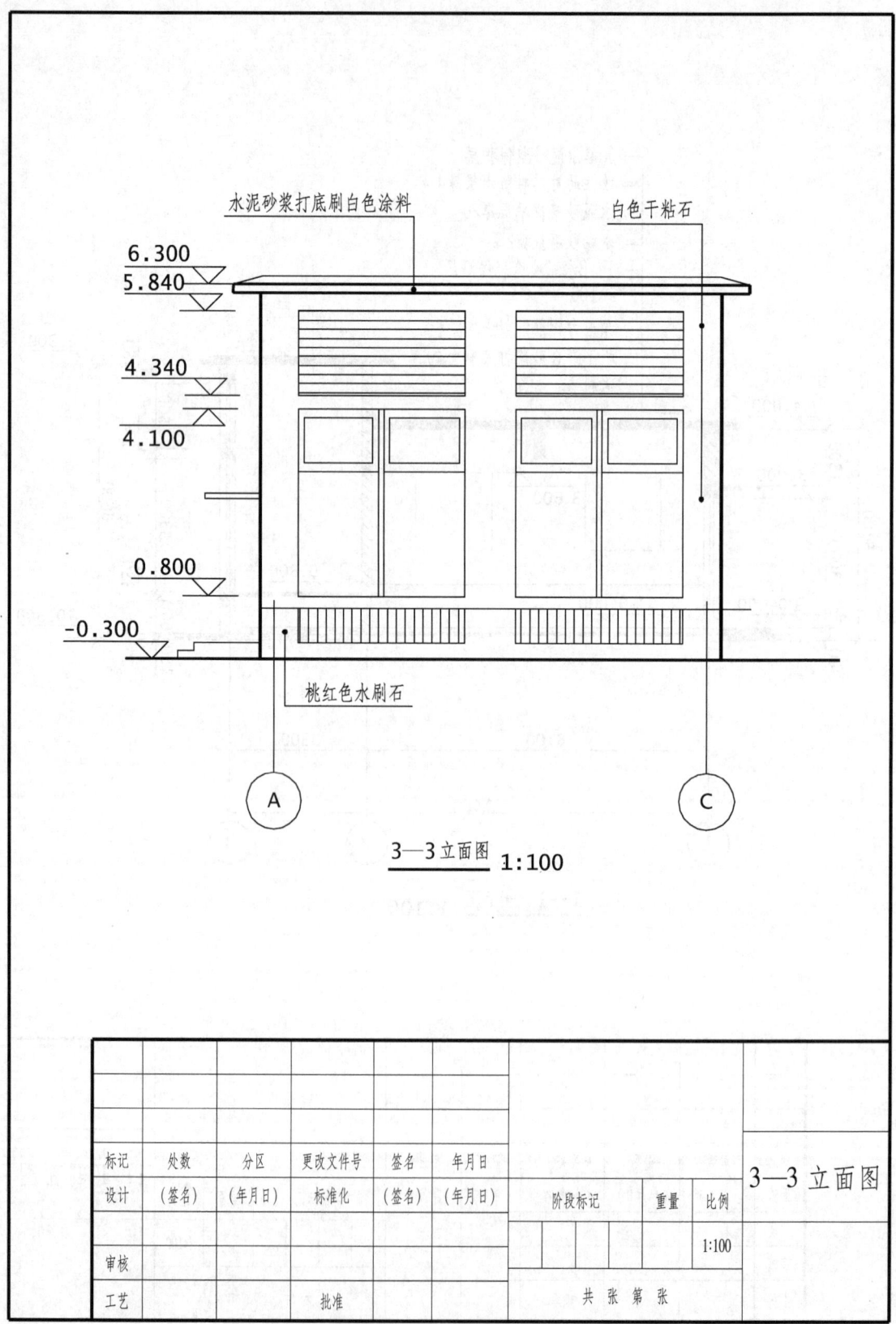

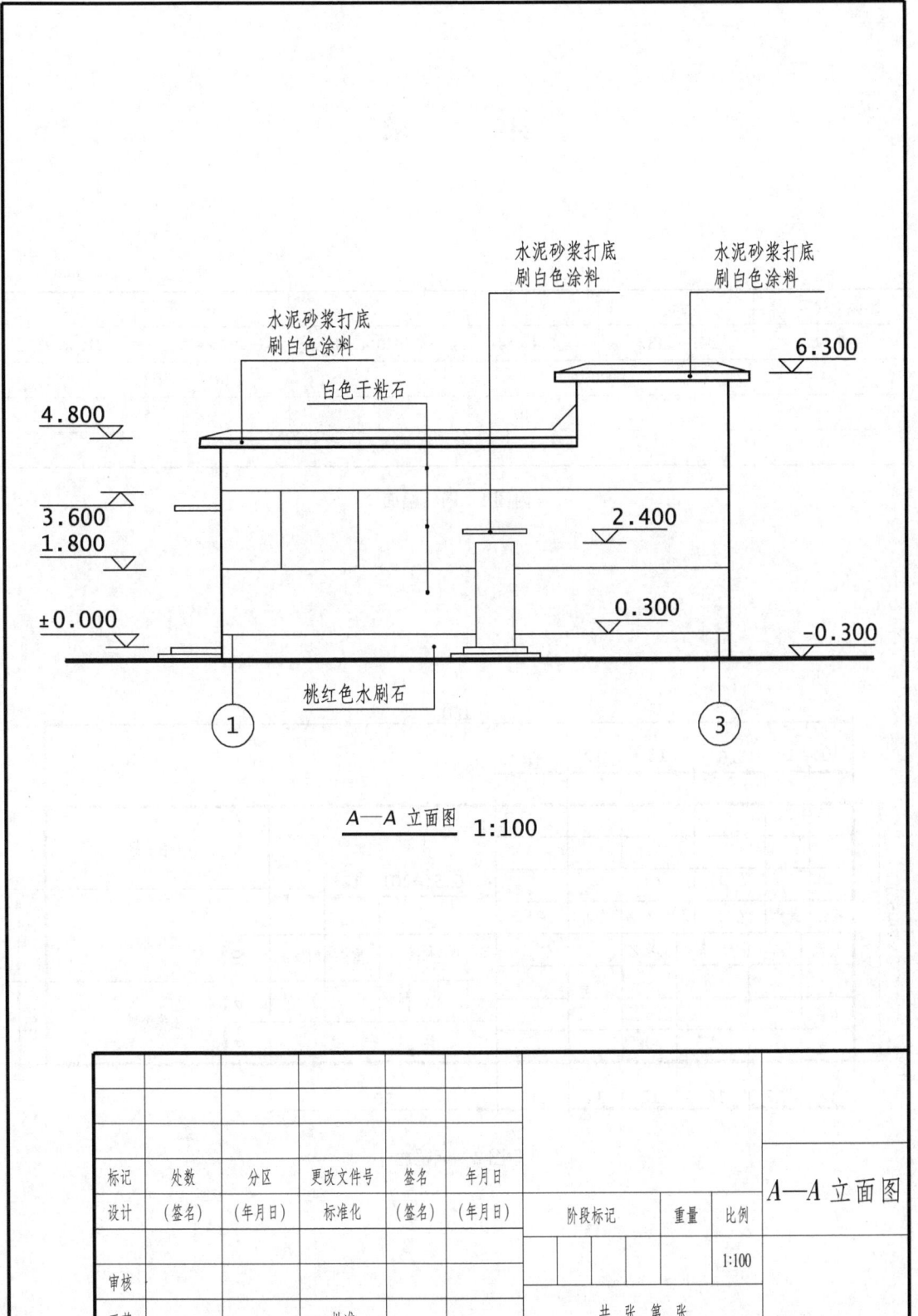

附　　录

（单位：mm）

幅面代号	A0	A1	A2	A3	A4
$B \times L$	841×1189	594×841	420×594	297×420	210×297
e	20			10	
c	10			5	
a	25				

附图 1　图纸幅面

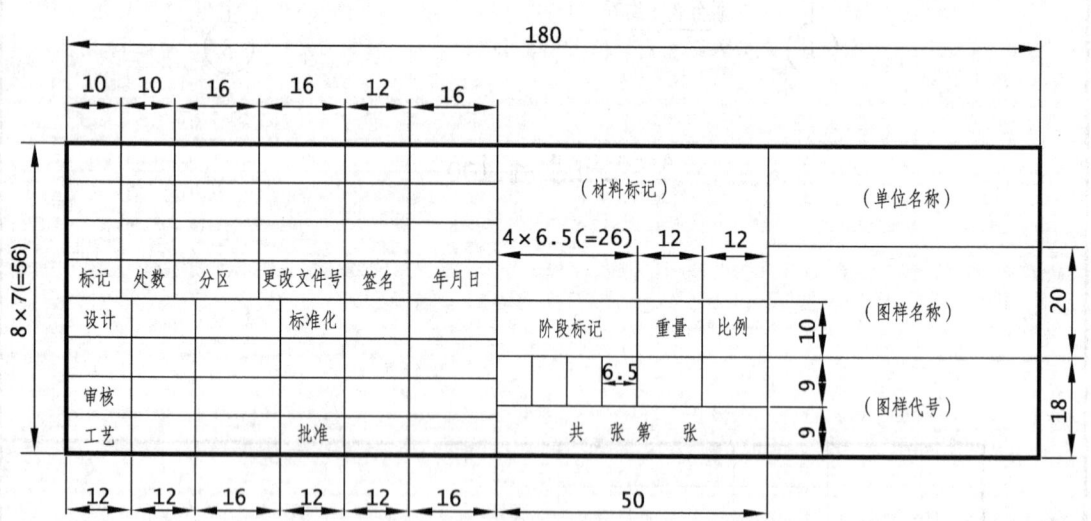

附图 2　标题栏

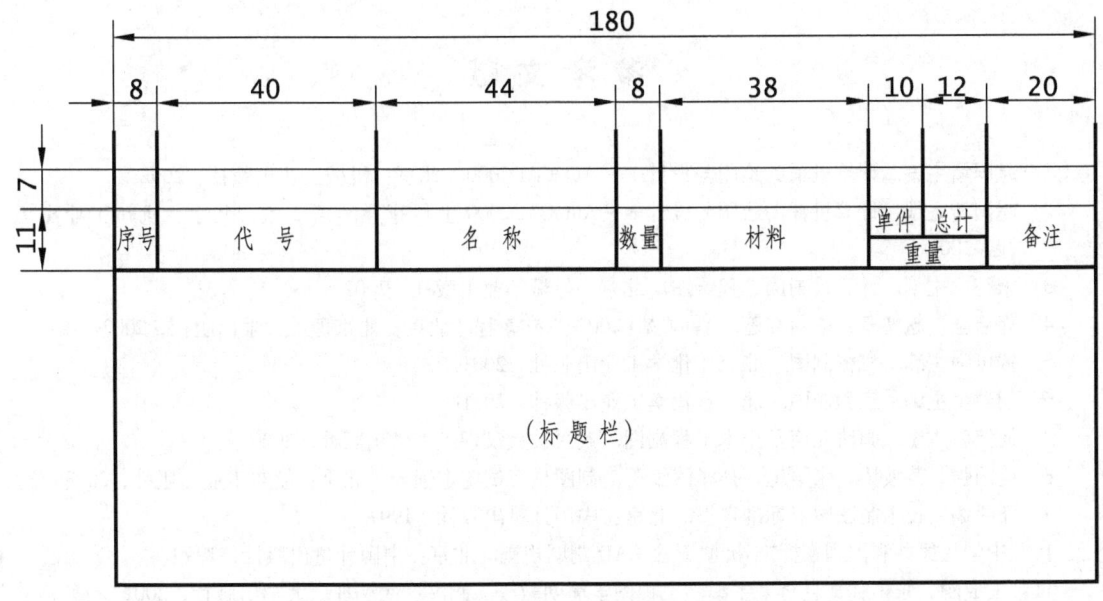

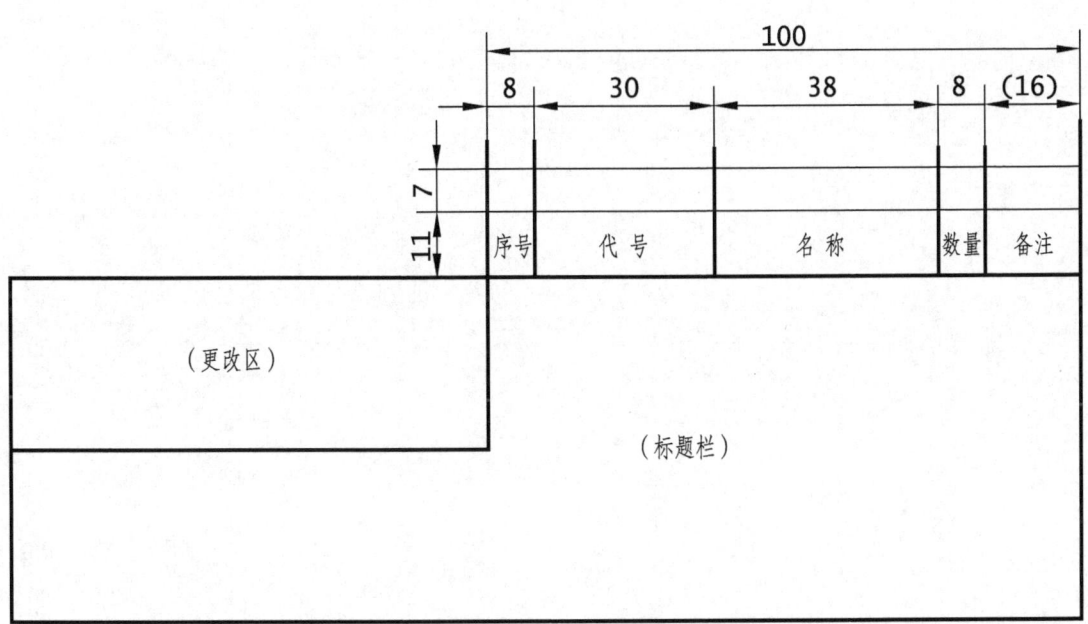

附图 3 明细栏

参 考 文 献

1 赵国增主编. 计算机辅助绘图与设计——AutoCAD2000. 北京：机械工业出版社，2002
2 赵国增主编. 计算机辅助绘图与设计——AutoCAD2000 上机指导. 第 2 版. 北京：机械工业出版社，2002
3 宋宪一主编. 计算机辅助工程绘图. 北京：机械工业出版社，2002
4 郭启全，赵增慧，李莉编著. AutoCAD 2002 基础教程. 北京：北京理工大学出版社，2002
5 钱可强主编. 机械制图. 北京：化学工业出版社，2001
6 胡建生主编. 工程制图. 北京：化学工业出版社，2001
7 何铭新主编. 画法几何及土木工程制图. 武汉：武汉理工大学出版社，2000
8 苑国强，范波涛，张培忠，孙泽涛编著. 制图员考试鉴定辅导. 北京：航空工业出版社，2003
9 汪凯编. 技术制图国家标准宣贯. 北京：中国计量出版社，1997
10 中华人民共和国国家标准 机械工程 CAD 制图规则. 北京：中国计量出版社，1999
11 王成刚，张佑林，赵奇平主编. 工程图学简明教程. 武汉：武汉理工大学出版社，2002
12 郑萍主编. 现代电气控制技术. 重庆：重庆大学出版社，2001

《AutoCAD 上机指导与实训》

张绍忠　主编

信息反馈表

尊敬的老师：

您好！感谢您多年来对机械工业出版社的支持和厚爱！为了进一步提高我社教材的出版质量，更好地为我国高等教育发展服务，欢迎您对我社的教材多提宝贵意见和建议。另外，如果您在教学中选用了本书，欢迎您对本书提出修改建议和意见。

一、基本信息

　　姓名：_____　　性别：_____　　职称：_____　　职务：_____
　　邮编：_____　　地址：_____
　　任教课程：_____　　　　电话_____-_____（H）　　_____（O）
　　电子邮件：_____　　手机：_____

二、您对本书的意见和建议

　　（欢迎您指出本书的疏误之处）

三、您对我们的其他意见和建议

请与我们联系：

100037　机械工业出版社·高教分社　刘编辑收

Tel：010 - 8837 9712，010 - 6899 4030（Fax）

E - mail：lxh@ mail. machineinfo. gov. cn